一家人的小食方丛书

有备而来
才好孕

饮食指导书

佘瀛鳌 陈恩燕 ◎ 编著

中国中医药出版社
·北 京·

前言

中医药博大精深，源远流长，是中华民族无数先贤的智慧结晶，其中不仅包括治病救人之术，还蕴含修身养性之道，以及丰富的哲学思想和崇高的人文精神，在悠久的岁月里，默默守护着华夏一族的健康，为中华文明的繁荣昌盛立下了汗马功劳。

到了现代社会，科技发达，物质丰富，人类寿命普遍延长，但很多新型疾病也随之出现，给人们带来了巨大痛苦。虽然医疗技术不断创新，但疾病同样"与时俱进"，在现代医疗技术与疾病的长期"拉锯赛"中，越来越多的有识之士开始认识到——古老的中医药并没有过时，而且，在很多疑难杂症、慢性疾病的防治方面，有着不可替代的优势。

正因如此，一股学中医用中医的热潮正在世界范围内悄然兴起，很多外国朋友开始尝试用中医治病，其中不乏一些知名人士。例如在2016年里约奥运会上获得游泳金牌的天才选手菲尔普斯，就曾顶着一身拔罐后留下的痕迹参赛，着实为中医免费代言了一把。在国内，中医药的简、便、廉、验，毒副作用小，也收获了大量忠实爱好者，他们极其渴望获得大量的中医药科普知识，但是，中医药知识深奥难懂，传承普及都不容易，这一现象也造成了此领域鱼龙混杂，给广大人民群众带来了一些伤害。

鉴于此，国家中医药管理局成立了"国家中医药管理局中医药文化建设与科学普及专家委员会"，其办公室设在中国中医药出版社。其成立目的就是整合中医药科普专家力量，深度挖掘中医药文化资源，创作一系列科学、权威、准确又贴近生活的中医药科普作品，满足人民群众日益增长的中医药文化科普需求。

在委员会的指导下，我们出版了《一家人的小药方》系列丛书，市场反响热烈。如今，我们再度集结力量，出版《一家人的小食方》系列丛书。两套丛书异曲同工，遥相呼应，旨在将优秀的中医药文化传播给大众。书中选择的大都是一些简单有效、药食两用的食疗小方，很适合普通人在家自己制作；这些药膳小方有些来源于中医古籍，有些来源于民间传承，都经过了长时间的检验，安全可靠。在筛选这些药膳方子时，我们也针对现代人的体质特点和生存环境，尽量选取最能解决人们常见健康问题的方子，并且按照不同特点，分别编成8本书，以适合不同需求的人群。

为了更加直观地向人们展示这些药膳，我们摄制了大量精美图片，辅以详细的制作方法、服用注意事项。全书图文并茂，条理分明，让人们轻轻松松就能做出各种营养丰富、防病强身的药膳，只要合理搭配，长期食用，相信对大家的身心健康、家庭和睦都有巨大的帮助。

为了确保书中所载知识的正确性，我们特别邀请中医药专家余瀛鳌教授领衔编写本套丛书。余教授为中国中医科学院资深教授，曾任医史文献研究所所长，长期从事古籍整理，民间偏方、验方的搜集整理工作，有着极其深厚的学术功底，为本丛书提供了相当权威、可靠的指导。在此，我们对余教授特别致谢。

在本丛书即将出版之际，我在此对所有为本丛书编写提供指导的专家表示深深的感谢，对为本丛书出版辛苦工作的众多人员致以真切的谢意。最后，还要感谢与本丛书有缘的每一位读者。

祝愿大家永远健康快乐！

中国中医药出版社社长、总编辑　范吉平

2017年8月8日

目录

贰

妈妈调养好，受孕生养更轻松

叁

爸爸调养好，宝宝健康质量高

种子先养身，

有备而来才「好孕」

造人计划，你准备好了吗

孕育一个健康的宝宝，是每个准爸准妈的愿望。渴望升级当父母的你，准备好迎接家庭新成员了吗？

一旦决定要孩子，就要先做个计划，养好身体，改掉坏习惯，这样才容易怀上高质量的宝宝。虽然生命的到来是难以预设的，但如果有良好的准备，提前做好"造人计划"，就可以更好地优生优育，让孕产更顺利，宝宝更健康。

提前计划，有备无患

尽早制定生育计划

生孩子最好选在夫妻各种条件处于最佳状态的时期。当夫妻还没有做父母的思想准备，也不具备养育孩子的经济条件时，出生的孩子该有多么可怜。为避免这种不幸的发生，考虑未来的家庭建设，选择适当时期妊娠和分娩是很有必要的。

生育计划在结婚后要尽早制定。这包括生育的年龄、时间、间隔等，并要充分考虑到夫妻双方的健康状况、职业规划、家庭经济状况、生活环境、孩子的哺养和教育等。在这些问题上夫妻应达成共识，否则，双方或一方的犹豫不决只会为日后留下隐患。只有具备做父母的成熟心态，才会帮助你战胜以后的各种困难，用责任心和爱心养育子女，构建和谐的家庭。

最佳生育年龄

女性的年龄对生育能力来说是至关重要的因素，直接关系到胎儿健康及分娩情况，现在高龄初产的人越来越多，给孕产及养育都带来了更多的问题，对母婴不利的因素大大增加。

建议女性在身体最健壮的24~29岁生第一胎，这样对母子健康都最有利。30岁起，女性生育能力的曲线便呈下降趋势，40岁以后明显衰落。一般认为，45岁以后妊娠的可能性大大降低。

妈妈备孕叮咛

《黄帝内经》中说：女子"四七，筋骨坚，发长极，身体盛壮"。即女性在28岁左右，身体达到黄金时期，筋骨强壮，头发也达到最长，肾气最为旺盛，是生育的最佳年龄。这里的岁是指虚岁，即27周岁左右。

尽量不要做高龄产妇

一般35岁之后生育头胎的产妇被称为"高龄产妇"。

由于现代社会普遍结婚年龄推迟、女性外出工作等原因，生育年龄也在延迟，高龄产妇越来越多，这会造成不少问题。

不易受孕： 35岁以上，自然受孕的机会比年轻时有所降低。

胎儿异常率增高： 高龄产妇所怀婴儿先天愚型和畸形等先天异常的发生率相对增加，所以，对高龄初产妇一般会在怀孕中期做羊水穿刺检查，以尽早发现胎儿的异常。

妊娠综合征多发： 高龄产妇在孕期发生高血压、糖尿病等妊娠综合征的比例增加，对母子健康及分娩均有一定影响。

难产率增加： 分娩时，由于产道和会阴、骨盆的关节随年龄增长而变硬，所以，高龄初产者的分娩时间会延长，且容易造成难产。

产后恢复慢： 产后的养育是一个繁重的工作，高龄初产者往往感到力不从心，产后身体的恢复也比年轻的产妇要慢。

高龄产妇虽然有以上不利因素，但随着生活条件的改善和医学的进步，也不是那么可怕了。前提是要做好产前准备、严格进行产前检查、积极调养孕产期的身体、配合医生要求的各项监护，绝大部分的高龄初产者还是会生出健康的新生儿。

综上所述，夫妻在做孕产计划时，应全面、慎重地考虑年龄问题，尽量把风险降到最低。

生育间隔

随着二胎时代的来临，生育间隔问题也应提前考虑。

一般两个孩子的年龄间隔在2~5岁为佳，既能保证质量，又可节省生育精力和养育成本。

第一胎是正常顺产的母亲，最好是在宝宝断奶后一年以上再怀孕，这样身体会恢复得更好，对二胎的生长发育更有利。

如果第一胎是剖腹产的母亲，则最好在两年以上再怀孕。

春季是受孕的最佳季节

我国传统讲究"天人合一"，自然界的万物是共存共荣、相互影响的，人的活动也应顺应大自然的规律。春的特性为"生"。在自然界中，春季是万物萌动、生命伊始、生发之气最为旺盛的季节。植物在春季开花、传粉、播种、发芽、生长；动物在春季生命力最为活跃，忙于交配、受孕。可以说，春季是万物繁衍的最佳季节。

人类也不例外。由于春季阳气上升、阴气下降，男性的生精功能最为旺盛，精子活力提高，性欲最为强烈，女性则在此时最容易动情，卵泡发育更快。再加上气温回暖，摆脱了一冬的郁闷之气，人体更舒适，精神最为振奋、愉悦，此时受孕率更高。尤其是对于不容易怀孕甚至不孕不育的夫妻，抓紧春季这个"造人"时机来孕育生命，是再好不过的。

备孕要做哪些准备

心理准备

　　生孩子是一件大事。宝宝出生后，父母要尽到养育的责任，夫妻要共同携手，面对一切未知的困难和挑战，这需要相互间更多的恩爱、理解、分担和包容。

　　在计划怀孕之前，夫妻双方要做好心理准备，保持良好的关系，创造和谐的心理环境。夫妻间应适当放慢生活节奏，避免太过劳累，消除紧张、焦虑、烦躁等情绪，加大彼此的容忍度。夫妻双方感情融洽和睦，有利于孕育一个快乐健康的宝宝，也为日后共同完成养育孩子的重任打下良好的基础。

生理准备

　　计划怀孕前，首先要调养好双方身体，保证良好的营养摄入，保持适量的运动，建立良好的生活方式。同时，双方要去医院对身体做全面检查，为孕育健康的新生命保驾护航。

财务准备

　　从怀孕到宝宝的出生、长大、上学，需要不少花销，没有一定的储蓄，很难应对养育孩子的各种费用。父母即便没有条件给孩子最好的，至少也要有基本的保证。对于普通家庭来说，有了孩子会让生活水平有所下降，而钱的问题非常容易成为家庭矛盾的爆发点。所以，准备要孩子的夫妻要提前做好财务规划，合理应对。

生活准备

孩子在哪里出生？出生后住在哪里？房子怎么住？由谁来帮忙照顾？将来在哪里接受教育……看似婆婆妈妈的一系列事情，其实正是生活中容易出现各种矛盾的现实问题。为了避免事到眼前各方意见不合而发生矛盾，最好提前做好规划，双方家庭协商认可，以最大程度地减少矛盾。

职场女性要做好未来规划

生育对女性职业的影响不言自明，因此，在准备生育前，职场女性一定要做好未来职业发展的规划。

是否做全职妈妈：做全职妈妈有利有弊，要根据自己的职业状况、家庭状况、收入水平等来决定。即便是因孕产暂时回归家庭，也可以在条件允许的前提下重回职场，但这就要求女性提前做好规划，以便不断学习，有所准备，不与职场彻底脱节。

了解劳动法规，维护自身权益：我国1990年颁布了《女职工在孕期禁忌从事的劳动范围》，2012年颁布了新的《女职工劳动保护特别规定》。详细了解这些内容，有助于职场备孕女性保护自身权益，也可以根据这些规定，合理做出自己的工作和休假安排。

及时通知单位：不管出于什么原因，向周围的人隐瞒怀孕都是不明智的。自己一旦确认怀孕，一定要及时告知单位领导和同事，并让他们知道自己的预产期，以及计划于何时开始休假和上班，让单位的人有所准备和安排。必要时也可以调整工作岗位或工作量，避免特别繁重的工作，争取获得必要的产前检查时间，这是对单位和自己负责的表现。

孕前夫妻全面体检

备孕的夫妻两人应共同去医院做一次身体检查。这不仅只是检查目前的健康状态，还应该让医生预先了解夫妻过去的疾病史或遗传病史，以此排除影响生育的因素，并进行孕前干预和优生优育指导。

如果查出异常，或有一些不利于怀孕的疾病，必须马上进行治疗，待疾病痊愈后再怀孕。这对于降低婴儿出生缺陷率和孕产妇死亡率非常关键。

尤其是曾患有疾病的女性，更不可忽视孕前体检。女性如患有贫血、心脏病、肝肾疾病、高血压、糖尿病或妇科病，最好先咨询医生，看是否可以安全妊娠和分娩。一些人平时很少体检，可能并不知道自己患有某种疾病，带病怀孕不仅对自身有伤害，也是对孩子的失责。有家族遗传病的一方或双方，应到相应医疗机构做遗传咨询。

妈妈备孕叮咛

➡ 优生6检查：包括巨细胞病毒、单纯疱疹病毒、风疹病毒、弓形虫、人乳头瘤病毒及解脲支原体。也有些医院只做前4项。

➡ 妇科检查：宫颈癌筛查项目、甲状腺功能、妇科超声等项目。

➡ 口腔检查：孕前还应做口腔检查，因为孕期和产后的妈妈出现牙齿及牙周疾病加重的情况特别多，到时候由于怀孕或哺乳，外科治疗及用药都不是很安全，看似小病，疼起来真是影响心情和胃口呢，不如趁孕前早早消除隐患。一般应提前6个月看牙，提前1个月洗牙。

➡ 疫苗与药物：疫苗可按需选择接种。乙肝疫苗需要提前10个月接种，风疹疫苗提前8个月接种。提前6个月考虑停服可能致畸的药物。

孕前需要治疗的疾病

如果夫妻双方或一方已经患有某种疾病，最好等彻底治愈后再考虑生育。如果是无法治愈的疾病，至少也要待病情有所减轻或得以控制，并停药一段时间后再怀孕较为安全。

男性需要治疗的疾病

性病：男性如果感染了性病，会危害母婴健康，一定要先治疗。一般治愈后对生育无影响。

不育症：因多种原因引起不能生育，如勃起异常、睾丸异常、精液异常（包括无精子或少精子、成活率低、活动力弱、形态异常等）。

妈妈备孕叮咛

以下疾病不宜生育：

➡ 严重的显性遗传疾病（如视网膜母细胞瘤、软骨发育不全等）。这些疾病会造成严重的功能障碍和明显畸形，不能正常生活，并会直接遗传，父母之一有病，子女约半数会发病。

➡ 严重的隐性遗传疾病（如先天性全色盲、小头畸形等）。男女如一方有病，子女可以不发病而成为携带者，但如双方都有病，子女就会发病。

➡ 严重的多基因遗传疾病（如精神分裂症、原发性癫痫病、先天性心脏病、唇裂和腭裂、青少年型糖尿病等）。

♀ 女性需要治疗的疾病

与准爸爸比起来，准妈妈的健康更为重要。如有以下疾病，一定要早发现，早治疗。

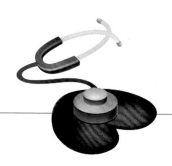

贫血：孕产的过程大耗阴血，如果贫血严重，不仅难以满足孕产、哺乳等需求，且会影响胎儿发育。最好通过食疗和铁剂补充，让贫血得到改善后再怀孕。

心脏病：怀孕会大大加重心脏负担，心脏病患者更易引起心功能不全，导致流产、早产、妊娠综合征等。如果是轻症心脏病患者（如心瓣膜病、心内膜炎、心律失常等），在日常生活中没有什么异常表现，也可以怀孕、分娩，但是终究比健康人的危险性大。所以，心脏病患者备孕一定要请医生给予指导。

糖尿病：怀孕容易诱发妊娠糖尿病，有些人在分娩后会自行恢复，但也有些会成为真正的糖尿病患者。孕妇如患有糖尿病，则会并发妊娠综合征，或引起流产、早产，甚至胎死宫内，生巨大儿、畸形儿的比率也相应增加。所以，糖尿病患者要提前控制好血糖。糖尿病的病情各不相同，有人只要注意饮食就可以了，而有人必须用药，是否适合怀孕，应听医生的判断。

高血压：孕前就有高血压的女性，在怀孕中后期容易成为妊娠综合征重症患者。所以，血压偏高者要注意平时的起居，在怀孕前保持正常的血压。饮食中要注意控盐，避免过度疲劳、睡眠不足、精神压抑等容易升高血压的不利因素，严重的应进行降压治疗。

肝脏疾病：孕期肝脏的负担也会增加，使原有的肝病恶化，妊娠反应随之加重。如果有传染性肝病，在分娩时还有母婴感染的问题，需要选择专科肝病医院分娩，最好先把病情控制平稳后再怀孕。患过肝病的人，在怀孕前后都要告知医生。

肾脏疾病：肾病患者往往孕早期开始就有浮肿等症状，孕后期病情会加重，有的会引起流产、早产，甚至必须中止妊娠。因此，要根据肾脏疾病的程度和症状确认是否可以怀孕。在未得到医生允许前要坚决避孕，积极治疗。

膀胱炎、肾盂肾炎：孕期阴道里的分泌物增多，更容易使膀胱炎、肾盂肾炎等泌尿系统的炎症复发，所以，有此类疾病者一定要彻底治愈后再怀孕。

子宫肌瘤：怀孕前发现有子宫肌瘤，最好及时治疗。子宫肌瘤最大的问题是不易受孕，即使怀孕了，流产的可能性也相对较大，而且分娩时还可能出现胎位异常、宫缩乏力等问题。孕期如果没有异常，只要肌瘤不变形、不阻塞产道，可以选择顺产，以后再做手术取出肌瘤，不必太担心。如果随着孕周的改变，肌瘤也有改变，要请医生决定分娩方式。

生殖道感染：孕前如果患有因细菌感染引起的妇科炎症，如淋球菌、衣原体、支原体感染诱发的盆腔炎、阴道炎、子宫颈炎等生殖道感染，可导致局部白细胞增多，影响精子的正常活动，给受孕造成困难。如果带病分娩，还会使新生儿染上鹅口疮等疾病。所以，在怀孕前要完全治愈各类生殖道感染。

孕前慎用药物

准备怀孕的夫妻应该从怀孕前3个月就开始慎重使用药物。一些药物在体内停留和发生作用的时间较长，因用药而使胎儿发生畸形的，多是在还未发觉怀孕的相当早的时期。尤其是女性，在医生开处方前就要说明自己的怀孕打算，让医生把关。如果自行购买非处方药，要查看说明书，是否有孕期不得使用的提示。

备孕时用药需十分慎重，但是如果认为连医生开的药也不能吃，就未免过分了。有需要治疗的明显疾病或合并症时，也不必硬扛着，服用由医生开的处方药是安全的。

妈妈备孕叮咛

大家都认为中药比较安全，但"是药三分毒"，孕期服中药也应遵医嘱，不宜自行服用中成药。家中如有人长期煎药，其气味对孕妇也会有影响，为了备孕安全最好远离。

提前6个月停用避孕药

平时服用避孕药的女性应在计划怀孕前6个月就停服避孕药，待自然生理周期稳定、身体做好充分准备后再怀孕。

由于口服避孕药的吸收代谢时间较长，6个月后才能完全排出体外。这期间，尽管体内药物浓度已不能产生避孕作用，但对胎儿仍有不良影响。如果刚停服避孕药就怀孕，容易影响胚胎发育，使胎儿出现某些缺陷。

在停用避孕药期间，最好采用避孕套避孕。

限制营养剂

常用营养剂、维生素和钙剂的人，在怀孕前限制一些为好。虽然不至于有太大的副作用，但过于依赖药物总是不太好。为改善贫血而服用铁剂的人，在停止避孕时，要与医生商量，听取医生的意见。

提前补充叶酸

小心感冒药

不少感冒药含有抗生素、抗组胺剂、解热镇痛剂、阿司匹林等成分，备孕女性都不宜长期服用。

慎用安定药

常用的精神安定剂、磺胺剂、对支气管哮喘特效的肾上腺皮质甾族化合物药剂、降血压药以及部分抗生素，均应谨慎使用。

不轻易使用导泻药

导泻药不能轻易使用，服用效力过强的导泻药会导致流产或早产。平时因便秘而依赖导泻药的人，一旦决定怀孕，就要尽量靠饮食保持通便。

一般备孕女性最好提前3个月开始补充专用于孕妇的叶酸片，一直服用到怀孕后3个月，以降低胎儿神经管畸形的发生率。由于叶酸要在人体内2个月左右才能达到人体需要的水平，因此，提前补充才有效果。

叶酸是B族维生素的一种，是胚胎神经系统发育的重要营养素，孕妇身体一旦缺乏，可能会导致无脑儿、脊柱裂、脑膨出等畸形儿出生，还可能导致新生儿唐氏综合征、先天性心脏病、唇腭裂等。孕妇自身也容易发生贫血、妊娠高血压、早产、自发性流产等。

此外，在饮食中也要注意多吃含叶酸丰富的食物，对补充叶酸也很有帮助。服用叶酸片和饮食中补叶酸并不矛盾，可同时进行。因为叶酸是水溶性的维生素，摄入过多时会从尿中排出，不会引起中毒。

夫妻共同调体质

俗话说"种子先养身"，在受孕之前要先调养好身体，父母双方都处于体质最好的状态，可以使宝宝的先天体质更加强壮，免疫力更好，为长大后的健康体魄打下坚固的基石。而且，父母身体健康也有利于受孕，精子和卵子的质量高，活力足，受孕机会就能大大提高。

平时比较健康者，可从准备怀孕前3个月开始调养，如果自我感觉身体健康状况不佳，则至少从准备怀孕前6个月开始调养。尤其是高龄备孕、有流产史、卵巢功能不良、体质偏弱、有慢性病、生活习惯及居住环境不佳者，孕前体质调养显得尤为重要。

调养体质时，母亲当然是重点，但父亲也不可忽视，共同调理才能获得最佳效果。

男性阳虚痿弱

此类男性多为阳气不足、肾精亏虚、体质偏弱，不及时调养，容易出现不育的状况。而且，父亲的体质不够强壮，也会影响精子质量，孩子容易出现先天不足的情况。所以，备孕的男性也要从增强体质入手。

主要表现：精神疲惫，易困乏，阳痿，少精，早泄或遗精，腰酸膝冷，小便清长，夜尿频多，常伴有畏寒、食冷易泄泻、大便不成形、阴囊湿冷、睡眠质量差等症状。

调养原则：补肾健脾，助阳生精。肾为先天之本，肾虚精亏难以孕育生命，因此，补肾壮阳、生精促育是首要原则。脾为后天之本，健脾才能使人筋骨强壮、气血充足，改善痿弱的体质。

日常调护：多参加体育锻炼，多晒太阳，注意身体保暖，避免操劳过度，晚间热水泡脚有益。

适宜饮食：多吃温补脾肾的食物，如羊肉、牛肉、猪肚、猪腰、鸡肉、鹌鹑肉、鸽子肉、虾、韭菜、小茴香、海参、鳝鱼、泥鳅、核桃、栗子、松子仁、黑芝麻、山药、生姜、大枣、胡萝卜、刀豆等。

不宜饮食：少吃寒凉生冷、泻火清热的食物，如苦瓜、空心菜、梨、荸荠、绿豆等，尤其在夏天盛暑时勿吃过多冰品。

适宜药膳：可适当添加枸杞子、五味子、熟地黄、肉苁蓉、沙苑子、菟丝子、锁阳、茯苓、肉桂、陈皮、莲子、芡实等药材。

女性子宫寒冷

此类女性子宫温煦不足，多为脾肾阳虚所生的内寒停滞在胞宫，或是受外来寒邪侵袭，血气遇寒则会凝结，导致出现月经失调、难以受孕、甚至习惯性流产等问题，是女性备孕的大敌。

主要表现：痛经，小腹冷坠，月经量少色淡，经期延迟或闭经，手脚凉，怕冷，腰酸腰凉，大便稀溏，性欲下降，无器质性病变而难以受孕，孕后易流产或反复流产，易患阴道炎等妇科杂病。

调养原则：暖宫促孕，调理月经，健脾益气。宫寒者多肾阳亏虚、寒气凝滞，调养重在益肾暖宫、补益气血、升阳促孕，只有气血充足且畅通时，才能保证月经正常，提高受孕机会。

日常调护：保障身体温暖，切忌受寒，尤其要注意腰部及下肢的保暖，非炎夏不要穿露肚脐及露膝盖、脚踝的衣物；避免阴冷潮湿的环境，不要长时间贪凉涉水，经期时不要冒雨涉水、坐卧湿盛之处；多在户外阳光下活动，加强体育锻炼；平日多用热水泡脚，刺激足底的经络和穴位，使身体处于温暖状态；避免劳累和精神高度紧张。

适宜饮食：多吃温经暖宫、补益气血的食物，如羊肉、牛肉、乌鸡肉、小茴香、生姜、大枣、桂圆、核桃、栗子、黑芝麻、花生、黑豆、洋葱等。

不宜饮食：少吃清热凉血、生冷寒凉的食物，如西瓜、梨、苦瓜、绿豆等，冰镇饮料及冰激凌等也应少吃。

适宜药膳：可适当添加黄芪、白术、当归、太子参、枸杞子、肉桂、补骨脂、熟地黄等药材。

女性气血亏虚

在"以瘦为美"的审美标准下，有些女性一味追求苍白消瘦，看上去弱不禁风，这些气血不足的瘦美人不仅不易受孕，也难以承受日后孕、产、哺乳的巨大消耗。

气血不足还易造成运化能力下降，从而出现虚胖问题，这样的胖美人同样不易受孕，且日后发生妊娠综合征的概率相当高。

统计证明，体形适中、不胖不瘦、结实丰满的女性受孕率最高，孩子也更健康。体重太轻或太重、体脂过少或过多时，都对孕产有很大影响。因此，要及时补益气血，瘦弱者可丰满肌肉，增重促孕，虚胖者可促进代谢，减脂瘦身，以达到最佳的身体状态。

主要表现：气虚者多形体消瘦或偏胖，容易倦怠乏力，气短声低，多汗，嗜睡，腹泻；血虚者多面色苍白萎黄，贫血，头晕，心慌，失眠，月经量少。

调养原则：健脾养胃，补益气血。

日常调护：增加体育锻炼，振奋精神，如有氧运动、肌肉力量练习等；生活保持规律，保证休息，精神愉快，不要过度劳累、熬夜、忧虑，以免暗耗阴血。

适宜饮食：多吃健脾益气、养阴补血的食物，如牛肉、羊肉、鸡肉、猪肉、鸡蛋、豆腐、扁豆、大枣、鲫鱼、山药、莲子、牛奶、花生、黑芝麻、葡萄、桃等。

不宜饮食：少吃苦寒、破气、散气及耗血伤阴的食物，如苦瓜、生萝卜、荸荠、薄荷、大蒜等。

适宜药膳：可适当添加西洋参、黄芪、白术、当归、枸杞子等药材。

女性气滞血瘀

女性由于生理及心理上的特点，比较容易肝郁气滞，尤其是爱生闷气、心烦易怒、长期心情不舒畅、闷闷不乐者，常因气滞造成血脉瘀阻不畅，从而引起月经不调、胸胁胀痛、乳腺疾病以及妇科杂病多发，使受孕率有所降低。另一方面，如果备孕女性的心情郁闷，还会影响到孩子日后的身心健康。所以，气滞血瘀体质的备孕者需要及时调养，气血经络畅通了，心情也会随之好转。

主要表现：形体消瘦，肌肤干燥晦暗，易有黑眼圈、色斑等，易发各部位的疼痛，如痛经、乳房胀痛、头痛、腹痛等，常见月经不调、经血色暗有血块、心情烦闷不舒、精神萎靡抑郁、失眠等。

调养原则：疏肝解郁、活血化瘀、畅通经络是养护原则。

日常调护：多做户外有氧运动，避免久坐不动；注意保暖避寒，坚持按摩、泡脚，以促进血运；保持心情愉快，减轻压力，避免过度劳累、加班熬夜。

适宜饮食：可多吃行气、活血的食物，如黑木耳、红糖、山楂、白萝卜、洋葱、莲藕、香菇、海带、茄子、柑橘等食物。

不宜饮食：少吃收敛固涩及易胀气的食物，如山药、芡实、莲子、柿子、大豆等，寒凉或冰激凌等食物也不宜多吃。

适宜药膳：可适当添加当归、芍药、柴胡、香附、郁金、玫瑰花、月季花、白梅花、茉莉花、合欢花、陈皮、佛手、川芎等药材。

健康人也需调养五脏

没有以上明显问题的平和体质者，在备孕期间也需调养好五脏，使心、肝、脾、肺、肾调和平顺，身体更健康强壮，提高受孕率和胚胎质量，也为日后辛苦的孕育做好准备。

补肾

肾是人体生命之源，又被称为"先天之本"，主生殖和生长发育，对孕育生命起关键作用。肾气充足者精力旺盛、充满活力，反之，则会影响到受孕及胎儿发育，甚至导致不孕不育或流产。因此，备孕的夫妻双方都应注重补肾，提高生殖能力。

日常调护：日常养肾要注意适度运动，以改善体质、强筋健骨，使肾气得到巩固。性生活要适度，不勉强，不放纵，注意按时休息，避免过度疲劳。

适宜饮食：补肾的食物有猪腰、牡蛎、核桃、海参、虾、羊肉、乌鸡、桑椹、山药、枸杞子、栗子、莲子等。黑色入肾，多吃黑色食物有益于补肾，如黑木耳、黑芝麻、黑米、香菇等均有补肾作用。

健脾

脾主运化，对饮食的消化、吸收、输布起关键作用，又被称为气血生化之源，人体"后天之本"。脾健则饮食正常、气血充盈、强壮有力。脾运不健则容易出现食欲不振、消化不良、代谢异常等症状，最终导致人体气血不足。胎儿的生长全靠母亲气血养育，母亲脾胃不健，则难以完成受孕及养胎的重任。

日常调护：脾主四肢和肌肉，经常进行力量性的锻炼，加大活动量，是最为简单有效的健脾方法。

适宜饮食：健脾食物有牛肉、鸡肉、鲤鱼、鲫鱼、鲈鱼、猪肚、小米、玉米、甘薯、土豆、香菇、莲子、山药、栗子、豆腐、牛奶、菠萝、橙子、南瓜、扁豆等。黄色入脾，脾属土，黄色是泥土的颜色，代表着根基，所以，黄色食物有健脾的作用。如谷粮类食物、根茎类蔬菜等，是日常不可缺少的主食，对健脾均有一定的效果。

调肝

肝主疏泄，可保持全身气机畅通，气血调和。肝功能失常、气血不畅，会导致月经周期紊乱、痛经等，进而引发妇科疾患，影响怀孕。肝血不足易引起贫血，肝气瘀滞易造成血瘀，都是不利孕产的隐患。所以，备孕时需注意养肝。

日常调护：肝喜条达而恶抑郁，因此，备孕者要保持心情舒畅，避免经常抑郁、生气或发怒，导致肝气不畅、气滞血瘀。养肝还应注意休息，戒除烟酒，避免劳累及熬夜。

适宜饮食：多吃绿色食物有益于养肝，菠菜、芹菜、油菜、西蓝花、绿豆等绿色食物具有清肝解毒的作用；墨鱼、鳝鱼、猪肝、阿胶、海参、牡蛎、大枣、枸杞子、黑芝麻、樱桃是滋养肝血的最佳食物；茉莉花、玫瑰花、薄荷、菊花是疏肝解郁的佳品。

养心

心主血脉，只有心气足、心血旺、血液运行通畅，才能轻松应对孕期心脏负荷的加重，保持情绪平稳，远离怀孕后容易出现的妊娠高血压以及烦躁、失眠、抑郁等问题。母亲的心理状态不仅影响受孕，也会因"母子连心"而影响胎儿日后的心理发育。

日常调护：日常养心应注意控制情绪，避免过度烦躁、担忧，操心的事不要太多。此外，调整紧张的作息也必不可少，应保证高质量的睡眠，安心养神，让自己尽量心平气和、轻松愉悦。

适宜饮食：红色入心，多吃红色食物有益于补心养心。心血不足者可多吃猪心、猪血、大枣、猪肝、枸杞子、赤小豆、葡萄、番茄、樱桃等食物。心火偏旺、烦躁不安者则可多吃西瓜、绿豆、百合、芹菜、莲子等食物。

润肺

肺主一身之气，还可通调水道，调节体内水液的输布、运行和排泄功能，包括排尿、出汗以及呼出浊气，而这些正是人体重要的排毒渠道。因此，肺功能正常对人体有效排毒、预防疾病、增强免疫力十分有益。肺气不足或肺燥易出现咳喘、气短、胸闷、体倦乏力、水肿、易感冒等症状，且易造成胎儿先天肺弱、免疫力低下。

日常调护：肺十分娇弱，要用心呵护。平日应坚决戒烟，远离污染环境，注意防风、防寒、防燥，避免劳累，适度锻炼，以提高肺功能。

适宜饮食：白色入肺，多吃白色食物有益于润肺。其中，洋葱、白萝卜等食物有杀菌、抗感染的作用，梨、百合、杏仁、银耳、冰糖、蜂蜜、莲子、莲藕、山药、荸荠等有养肺润燥的作用，白果、核桃等有平喘的作用，在秋冬季节更宜多吃。此外，枇杷、海蜇、罗汉果等食物对养肺也十分有效。

合理饮食很重要

孕前要注意科学饮食，使营养全面均衡，确保每天有充足的热量供应，蛋白质、矿物质、维生素摄入平衡，以保证生殖细胞的发育。多吃些有利于孕育的食物，远离可能造成不利影响的食物，也是合理饮食的一部分。

不少人饮食习惯不佳，一定要趁着这个机会改善。年轻时往往仗着身强体壮，任性吃喝，而一旦要做父母，就不仅仅是针对自己的健康了，还要对新生命的健康负责。而且，饮食习惯具有家庭性、遗传性，宝宝的饮食习惯就像父母的镜子。所以，从备孕开始，父母就建立起良好的饮食习惯，对未来孩子的习惯养成非常有益。

备孕需要保证的营养

确保摄入足够的热量

如果没有摄取足够热量以保持正常范围内的体重和体脂，则生育力下降的可能性很大。另外，妊娠前后体重不足可导致胎儿发育迟缓，并增大新生儿并发症的风险。所以，孕前应均衡饮食，夫妻双方都要保证足够的热量摄入。

《中国居民膳食指南》推荐，健康成年人（轻体力劳动）每日平均应摄入热量为：男2200千卡，女1800千卡。备孕男女最好不低于这个平均数。身材高大、活动量大、体力劳动多的人还可适当增加。

不少于2200千卡

不少于1800千卡

补充优质蛋白质

蛋白质是构成生命体的重要组成部分，也是构成精子和胚胎发育的基本材料。孕前夫妻均应重点选择富含优质蛋白质的食物。其中，动物蛋白中含有较多的精氨酸，有益备孕，如动物瘦肉、猪腰、鳝鱼、鹌鹑肉、鸡蛋、虾、鱼肉、牛奶及乳制品等。此外，豆腐、豆浆等豆类制品也是优质蛋白质的来源。

适量摄入脂肪

性激素主要是由脂肪中的胆固醇转化而来，脂肪中还含有精子生成所需的必需脂肪酸，如果缺乏，不仅影响精子的生成，而且还可能引起性欲下降。肉类、鱼类、禽蛋中含有较多的胆固醇，适量摄入有利于性激素的合成，有益男性生殖健康。对女性来说，体脂率偏低不利于受孕和养胎，所以，偏瘦者宜多摄入些脂肪。

益精助孕的矿物质

矿物质中，钙、铁等在人体内含量较多，属于常量元素，而锌、碘、镁等含量较少，属于微量元素。这些元素对生育都具有直接或间接的重要影响。

钙：孕前妈妈钙量充足，可保证胚胎发育良好，出生后较少出现夜惊、抽筋、出牙迟、烦躁及佝偻病等缺钙症状，孕妇也能避免小腿抽筋、腰腿酸痛、浮肿、牙痛等孕期不适。富含钙的食物有牛奶、奶酪、牛肉、黑芝麻、芝麻酱、虾皮、香菇、大豆等。

锌：锌与精子的构成、发育及成熟度等密切相关。缺锌不仅影响生长发育，还会影响生殖系统，尤其对男性生育功能起着重要作用，缺锌的男性往往精液中精子数减少，甚至无精子。备孕妈妈多吃富含锌的食物，也能起到提高细胞活力的作用。富含锌的食物有：贝壳类海产、鱼肉、鸡蛋黄、猪肝及坚果、种仁类食物。

铁：铁是血色素的重要成分。如果孕前就患有缺铁性贫血，在怀孕及产后，贫血问题会日益严重，并且容易造成胎儿先天性贫血。所以，孕前应多吃含铁多的养血食物，如动物肝脏、动物血、瘦肉、鸡蛋黄、豆类、黑木耳、樱桃、黑芝麻等。

碘：孕前补碘比怀孕期补碘对下一代大脑发育的促进作用更为显著。补碘可选择含碘盐或富含碘的食物，如海带、紫菜、干贝、龙虾、鲜海鱼等。

镁：镁能促进精子发育，提高精子活力，增强男性生育能力。富含镁的食物有：土豆、香蕉、紫菜、黑木耳及坚果、种仁类食物。

必不可少的维生素

维生素不仅是维持生命的必需物质，同样是保障生殖功能必不可少的元素。含有高维生素的食物，对精子的生成、提高精子的活性具有良好作用。对孕妇而言，维生素缺乏可能导致流产、早产等。

叶酸：叶酸是B族维生素的一种，有预防胎儿神经管畸形和抗贫血的作用。在人类胚胎发育的过程中，从受孕至孕后28天是神经管形成和发育完善的时期，也是预防神经管畸形的有效时期，补充叶酸可降低胎儿神经管畸形的发生率，并有利于提高胎儿的智力。叶酸还具有抗贫血的作用，它能有效提高人体对铁的吸收率，改善缺铁性贫血。备孕女性除了从孕前3个月开始服用叶酸片外，饮食中补充叶酸也十分必要。富含叶酸的食物有：动物肝、深绿色蔬菜、谷物及豆类。

维生素E：维生素E的水解产物为生育酚，生育酚能促进性激素分泌，使男性精子活力和数量增加，防治男性不育症，并可提高女性生育能力，预防流产。富含维生素E的食物有：色拉油、芝麻油、花生、核桃、松子仁、玉米、鸡蛋黄、黄豆等富含脂肪的食物，备孕夫妻均宜多吃。

维生素A：维生素A能促进机体合成蛋白质，加速细胞分裂的速度，促进细胞新生及生长。富含维生素A的食物有：动物肝、胡萝卜、甘薯、菠菜、鸡蛋黄、南瓜等。

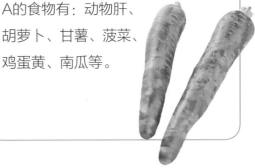

需要改善的饮食习惯

高糖、高盐饮食

如果女性在孕前就有大量进食高糖甜食的习惯，怀孕后可能会诱发糖代谢紊乱，怀孕中后期患上妊娠糖尿病的概率增加，易使胎儿长成巨大儿，分娩时引起难产。

如果平时饮食偏咸，口味较重，在怀孕中后期容易出现妊娠高血压、水肿等问题，不仅自己增加痛苦，也给胎儿带来危险。

所以，口味偏甜、偏咸的女性最好从备孕阶段就开始调整改善，尽量做到饮食清淡，口味平和。

偏食

不论男性、女性，偏食都是不良饮食习惯，容易造成营养缺失。如一味地吃肉、不爱吃菜，或全素饮食、不沾荤腥，都不利于健康孕产。食物品种多样、均衡，不仅自己身体好，宝宝也会更聪明健康。

把饮料当水喝

大部分饮料的主要成分除了水，就是糖，营养性差，还增加了热量，影响了食欲，使正餐摄入的其他营养减少，得不偿失。此外，可乐等碳酸饮料含气很多，又较寒凉，多饮会影响脾胃功能。

爸爸备孕叮咛

社会上流传着不少"可乐杀精"的说法，属于危言耸听，并没有什么科学道理。可乐与精子直接接触是会杀精的，喝到肚子里并没有直接接触的机会，如何杀精？但多饮可乐易胀气、影响脾胃运化是真的，夫妻双方确实都不宜多喝。

过多冷食、冷饮

生命最喜温暖，自然界中，越是寒冷地区，生物种类越少，繁殖率越低。在人体中的表现也是一样的，如果人体经常处于寒冷低温的状态，会使受孕率下降。长期大量冷食、冷饮，造成寒凝气滞、血脉瘀滞，不利于人体阳气生发，男性易阳虚，女性易宫寒，均是受孕的障碍。因此，夫妻双方要尽量吃温热的饮食，尤须避免经常吃刚从冰箱里取出的食物和饮料。

吃未全熟的食物

不少人喜欢吃半熟或生的食物，如带血丝的五分熟牛排、生鸡蛋以及生鱼片、生蚝等生猛海鲜。从口感上可能满足了鲜嫩的要求，但从健康角度讲，有不少隐患。未充分熟制的肉类可能被细菌、寄生虫等污染，危害胚胎健康，导致畸胎、流产、死胎等。所以，备孕期间，要把饮食的安全性放在首位。

大量喝咖啡

咖啡能使人精神愉快，提高兴奋性，缓解头痛，提神醒脑，并有通便作用，是不少女性的最爱。每天喝上1杯咖啡是没有问题的。但每天喝3杯以上时，咖啡中的咖啡因容易影响人体内激素水平的稳定，降低女性受孕机会，备孕女性最好少喝咖啡。对于为了熬夜加班喝咖啡，或工作压力大不停喝咖啡的人，只能说"这种状态本身就不适合怀孕"！

喝咖啡容易上瘾，不容易戒除，备孕女性可以试着逐渐减量，用喝茶水、果汁、豆浆、牛奶等代替。

烟酒大忌，最好戒除

戒烟没商量

烟草中含有尼古丁、氰化物等有毒物质，有百害而无一利。对孕育来说，吸烟是阻碍优生优育的重要因素，也是导致不孕不育的原因之一。夫妻双方在计划怀孕前的3～6个月就应戒烟。

女性吸烟，可危害卵巢功能，导致月经不调、卵子异常、受孕率低。即便怀孕，也易导致胎儿缺氧、生长发育不良，如出生低体重、先天性心脏病、腭裂、唇裂、智力低下甚至畸形，发生流产、早产、死胎等比例显著增加。研究发现，孕妇吸烟还会影响胎儿的大脑发育，并造成神经损伤，孩子将来容易出现多动症及反社会行为。

男性吸烟，烟草中的有害成分可通过血液循环进入生殖系统，导致精子畸形、数量及活力均降低，不育的可能性增加。研究表明，父亲每日吸烟10支以上者，子女先天畸形率增加2%，每天吸烟30支以上者，精子畸形率超过20%，且吸烟时间越长，精子畸形率越高。

二手烟的危害并不亚于直接吸烟，男女双方还应注意，远离有他人吸烟的环境，以减少二手烟带来的伤害。

戒烟需要一个过程，不是一天就能完成的，因此，提前计划、早早开始戒烟是必需的。

酒精伤害生殖系统

酒精会危害人体生殖系统功能。夫妇双方或一方经常饮酒，不仅影响精子或卵子的发育，造成精子或卵子畸形，数量和质量均会降低，而且影响受精卵的顺利着床与胚胎发育，大大增加不孕不育及流产的可能性。

经常过量饮酒的男性，易导致睾丸结合球蛋白增加，造成睾丸损害，以致降低或失去产生睾丸酮的功能，进而影响生殖能力。

经常过量饮酒的女性，极易造成卵巢功能障碍，甚至卵巢萎缩，出现月经紊乱、闭经、性欲低下，严重者发生不孕症。如果已经受孕的母亲饮酒，酒精会通过胎盘进入胎儿血液，造成胎儿宫内发育不良、中枢神经系统发育异常、智力低下等，即"酒精中毒综合征"。

喝酒容易成瘾，平常爱喝酒的人，在怀孕前3~6个月就要逐步减少饮酒量，并尽可能戒掉，以保证胎儿健康。

酒醉同房是大忌

酒醉后同房受孕更是大忌，它直接影响胎儿的器官、智力和神经系统发育，往往会出现发育异常，如肢体短小、体重轻、发育差、智力低下、血管痉挛、生殖器官发育不全等问题。据统计，酒后孕育或怀孕期饮酒造成白痴、癫痫及各种生理缺陷的新生儿占整个低能儿总数的20%左右。

我国传统也非常忌讳酒后同房，不仅是因为一旦受孕会影响胎儿健康，还因为会损伤男性的性功能。很多男性认为酒能助性，饮酒如同催情药可激发情欲，提高性能力。实际上，这种过度刺激会导致恣欲无度、房事过劳、肾精耗散过多，时间久了，反而会导致勃起障碍、阳痿、少精等，引发不育症。

吃对食物可助孕

吃什么能提高受孕率，有利于提高胚胎质量？夫妻不妨从计划怀孕开始，多吃这些"助孕"食物。

韭菜：又叫"起阳草"，性温，有温中下气、补肾壮阳的作用，对提高男性勃起能力有益，并可用于阳痿、遗精、腰膝酸痛、腹冷痛、脾胃虚寒等症。

豆腐：大豆中不仅富含优质蛋白质，还富含有"天然雌激素"之称的异黄酮，可双向调节女性体内的雌激素，不足时可补充，太多时可抑制，从而改善内分泌紊乱造成的性欲低下、月经不调、早衰等问题，增加受孕概率。其他豆类制品，如豆浆、豆干等也宜多吃。

香椿：有补虚、益肾、壮阳、固精、行气、健胃等作用，因其含有类似"性激素"的成分，对不孕不育症有一定疗效，故有"助孕素"之称，适合肾阳虚衰、腰膝冷痛、遗精、阳痿者食用。阳春三月，鲜嫩的香椿上市时，备孕夫妻可多吃。

莲子：收敛固涩、止遗止泻作用强，可益肾固经、补脾止泻、止带、养心安神，常用于脾肾虚弱引起的女性带下清稀，男性遗精、滑精以及脾虚久泻、心悸、失眠等症。体质较弱的备孕夫妻常食，可补益脾肾不足，使身体更强壮。

豆芽菜：含有丰富的维生素C、维生素E以及钙、磷、铁、锌等矿物质，有助于消除致畸物质，并促进性激素的生成。我国传统认为，芽苗类食物生发作用很强，常吃春季生发之物，对促进和提高生殖功能有助益。

鸡蛋：含有完全蛋白质、脂肪及丰富的钙、磷、铁，均是孕育生命的基础物质，夫妻均宜多吃。

羊肉：羊肉性温，可温补脾肾，补虚益气。对脾肾虚损、中气不足和风寒肢冷、肾亏阳痿、腹部冷痛、腰膝酸软、面黄肌瘦、气血两亏等虚弱者有良好的补益作用。因其补肾壮阳的作用较好，尤其适合体寒肢冷、肾阳不足、瘦弱的备孕者食用。

黑芝麻：益精养血，滋补肝肾，可补五脏、益气力、长肌肉、填脑髓，常用于肝肾不足、精血亏虚引起的贫血、腰膝酸软、四肢乏力、早衰、骨质疏松、肠燥便秘等，并可增强生殖能力、提高精子质量、促进胚胎发育。

山药：益气养阴、补脾肺肾、固精止泻，可用于肾虚所致的遗精、早泄、尿频、腰膝酸软及女性带下清稀者，脾胃虚弱、体瘦乏力、腹泻、便溏者也非常适宜。健康的备孕者多吃可强身健体，旺盛精力。

栗子：为"肾之果"，可养胃健脾、补肾强精，有益于改善男性性功能，尤其适用于因肾虚所致的阳痿、遗精、腰膝酸软、腰脚不遂、小便频多及脾肾虚寒者，备孕男女皆宜多吃。

大枣：大枣可健脾益气，养血补虚，养心安神。气虚肾亏的男性常吃大枣，可明显增强性欲，对性功能障碍有辅助疗效，气血亏虚的女性常吃大枣，可补益气血，提高性欲，增加受孕率。

坚果：各种坚果（核桃、花生、榛子、松子、腰果等）中含有丰富的蛋白质、植物油脂、维生素E及锌、镁等微量元素，都是能促进生育的物质。尤其是锌含量丰富，对提高男性精子质量、增强性功能有益。多吃坚果还可温肾阳，益精血，令人肥健，提高体脂率，更易受孕。

鱼、虾、贝类：此类食物是优质蛋白质的良好来源，且富含钙、铁、锌、硒等矿物质，有一定的助孕作用。虾、牡蛎、蛤蜊等还有壮阳、益精、提高性欲的作用，男性备孕者不妨多吃。此类食物对胎儿大脑及神经系统发育也非常有利，备孕夫妻常吃，孩子智商更高！

巧克力：在西方，巧克力一直被视为激发性爱的营养食物，西班牙人甚至把它当作一种刺激性欲的药物，在做弥撒前，教堂内严禁食用巧克力。"情人节"有送巧克力的习俗，也与它的"助性"作用不无相关。备孕夫妻多吃些巧克力，不仅能更好地共享两性之乐，也能让人精神放松愉快，补充体力和能量。

这些食物能吃吗

网上盛传着一些备孕禁忌食物，如有杀精、避孕等作用，或对子宫有一定的刺激性，影响女性受孕，这些都是真的吗？

大蒜：吃大蒜究竟会强精还是会杀精，众说纷纭。实际上，并没有充分证据证明大蒜可强精，但大蒜具有杀菌作用是肯定的。《滇南本草》中说：大蒜"味辛，性温，有小毒，祛寒痰，久吃生痰动火，兴阳道，泄精"。总之，多吃会辛温太过、损耗气血，气虚血弱、阴虚火旺、目疾者均不宜。在不明真相的情况下，备孕男性还是少吃为好。

芹菜：芹菜杀精的说法也同样盛行，但也没有明确证据证明。中医认为，芹菜清热凉血、降压安神。《饮食须知》中说："旱芹，其性滑利"，应指其通便、利尿的作用，如果是虚寒易泻的备孕男性不要多吃。

木瓜：据说，在东南亚国家，当地居民通过吃木瓜来避孕，因此，木瓜避孕的说法很流行。理由是木瓜苷经人体代谢后的产物会导致女性的子宫收缩，引起女性流产。中医认为，木瓜可舒筋活络、和胃化湿、消食，可用于消化不良、吐泻、风湿痹痛、脚气水肿等，并没有刺激子宫的作用。

受孕后要慎食的食物

从中医角度讲，以下这些食物才是不利于固胎、养胎的。尤其是在怀孕初期，或还不知道怀孕的情况下，大量吃这些食物容易造成滑胎、流产。

当然，在备孕调养体质的阶段，夫妻同吃都是没有问题的，但一旦开始取消避孕措施，进入"造人"阶段，备孕妈妈最好少吃或不吃这些食物。如果已经怀孕，从初期一直到临产，整个孕期都应远离这些食物，以免胎孕不固，出现流产、早产等问题。

甲鱼：性微寒，堕胎。鳖甲最忌。

螃蟹：性寒，破血，堕胎。蟹爪最忌。

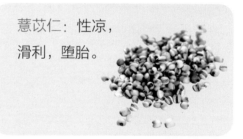

薏苡仁：性凉，滑利，堕胎。

山慈菇：消肿散结，滑胎利窍，用于难产。

山楂：活血化瘀，刺激子宫收缩，不利安胎。

苋菜：性寒凉血，滑利通窍，易下胎。

马齿苋：散血清肾，利湿滑胎，收缩子宫。

杏仁：有小毒，孕妇慎食。

玫瑰花：活血化瘀，易流产。

肉桂：性大热，可用于阳痿、宫寒，有出血倾向者及已怀孕者慎用。

黑木耳：有抗生育作用，黑木耳多糖抗着床和抗早孕效果较明显。

桂圆（龙眼肉）：性温，易生热助火，不利于安胎。

大麦芽：下气，破结，刺激子宫，催生落胎。

优生优育
始于健康生活

优生优育是每一个家庭的愿望，养孩子要重质量而不是重数量。孕育一个健康聪明的宝宝是从受孕开始的，夫妻双方都要做最好的自己，才能得到那个最好的宝宝。

有些夫妻一直在备孕，各项生理指标都正常，但就是怀不上孩子。除了饮食之外，到底还有哪些因素在影响孕育？就让我们从夫妻现有的生活开始，梳理一下存在哪些不健康的因素，有什么可以注意和改进的地方。给自己创造一个健康的生活环境，宝宝的健康才有保证。

放松心情，"好孕"才会来

紧张、压力是大敌

受孕是个系统的过程，需要身体各器官共同协作。体内的激素只有在大脑皮层的控制下才能正常工作。精神压力对男女双方来说，都是成功受孕的大敌。

对男性来说，越是急于求成要孩子，压力就越大，使精神始终处于紧张、焦虑的状态，会使原本简单的事变得困难，性能力反而下降。长期如此，会出现抑郁、沮丧、悲观、忧愁等更为严重的心理问题，从而影响神经及内分泌系统，造成精子质量下降和性功能障碍。

对女性来说，精神紧张的影响就更大了。很多女性只要一紧张劳累（如工作忙碌），就会出现性冷淡、月经紊乱，甚至闭经的现象，这说明激素分泌已经失调，抑制了卵巢的正常排卵功能，在这种状态下，受孕成为一种奢望。

放松心态，顺其自然

如果没有需要治疗的器质性疾病，而很长时间没有受孕的话，多半都有心理的问题。此时，千万不要给自己和对方太大压力，更不要相互指责或抱怨，把心态放轻松，顺其自然吧。抱着"命中有时终须有，命中无时莫强求"的心态，不刻意地求子，而是追求高质量的性爱，才更容易如愿以偿。

此外，双方都应减轻工作压力，删减事务或行程，放慢生活节奏。也不妨外出度假，让身心彻底放松，又能增进感情，重温"蜜月"。当双方感情和谐、精神愉悦、身体也调整到最佳状态时，"好孕"自然就到来了。

纠正不良生活习惯

怀孕前，很多人仗着年轻，生活过于随性，对一些不良生活习惯没有重视。但如果决定要孩子，就一定要对日常生活做一个梳理，找出那些不良习惯并及时改掉，为自己的健康加油，也为宝宝创造一个安全舒适的母体环境。

从不锻炼身体

很多人以"忙"为借口远离运动，任由肌肉松弛、身体超重。但为了宝宝的健康及孕产的高体能需要，女性应在孕前加强锻炼，调整好身体状态，以长时间的有氧运动为宜。为了增强精子活力，备孕男性同样需要加强锻炼，以选择增强肌肉力量、腰腿力量的运动为宜。运动还可起到控制体重、调节情绪、增强免疫力的作用，有助于提高受孕率。

运动要循序渐进，坚持不懈，每天30~60分钟，坚持2个月以上，可逐渐增强体质。

性生活过频

男性一次射精后，一般需要5~7天才能使有生育能力的精子数量恢复正常。所以，过于频繁的性生活会使每次射精的活性精子数量减少，精子异常率增加，如果此时受孕，宝宝的健康难以保证。

另一方面，性生活过频对体力和精力都消耗较大，易引起精神萎靡不振、困倦、心悸、头昏眼花、腰腿酸软等问题，不利于高质量精子的生成，妨碍优生优育。

所以，备孕时性生活应适度，不禁欲，也不可纵欲。

熬夜、黑白颠倒

内分泌系统的正常依赖于规律的生活、充足的睡眠，"日出而作、日落而息"的简单生活正是符合自然规律的健康模式。夜间睡眠是身体彻底放松和修复的时间，五脏六腑得以调养，内分泌系统恢复正常，男性养精蓄锐，女性养阴补血，是最为简单有效的保养法。如果经常颠倒过来，白天昏昏沉沉，夜晚却因工作或玩乐过度兴奋、睡意全无，不仅会降低免疫功能，还会影响激素分泌，降低精子和卵子质量及受孕率。

备孕夫妻都要避免熬夜及黑白颠倒的生活，保证每天睡6~8小时，尽量在晚上11点之前上床睡觉。只要做到这一点，健康状况就会大为改观。

女性不注意保暖

很多女性为追求时髦的着装，不注意保暖问题，时间久了容易造成宫寒，使受孕困难。

对女性来说，下半身的保暖尤其重要。不论什么天气，腰腹部都不要暴露在外，尽量不要穿露脐的上衣和低腰裤。天气变冷时，秋裤还是要穿的，或者穿厚长袜，膝盖、脚踝、足底是重点保暖部位，避免受风着凉。

男性裤子过紧

无论内裤还是外裤，如果太紧都不适合男性，尤其是散热不好、透气性差的化纤类裤子，会让阴囊处于紧闭状态，空气流通不佳，容易滋生细菌，诱发生殖道炎症。此外，也会阻碍阴囊皮肤散热降温，导致血液循环受阻，不利于精子产生和养护。所以，男性特别注意，要穿宽松舒适、透气性好的裤子。

久坐、开车

男性开车时间长、久坐不动会使盆腔供血不足，提供给精子的能量、营养物质减少，导致精子质量受到影响。而女性长期久坐则会造成气滞血瘀、痛经等问题，不利于孕产。

如果工作就是需要久坐的人，最好让自己每45分钟站起来活动5分钟，以促进下半身的血液循环。

远离有害环境

备孕夫妻都应注意远离有害环境。男性如果接触有害环境，会影响精子质量，使其畸形率增加。女性更为敏感，从备孕一直到整个孕产期，均要时刻躲避有害环境，以保障胎儿安全。如果是在有害环境下工作的人，从备孕开始，就要申请调换工作岗位。

化学物质和放射物质：工作环境中有较高浓度的铅、汞、苯、有机磷农药或麻醉剂等有害化学物质（如化工厂、制药厂），或者放射性物质（如医院放射科）、电磁辐射等超标，会危害人体的生殖功能，对男女双方均有很大影响，会增加染色体突变、胎儿畸形、智力低下、流产的风险。

新装修、新家具：虽然现在的家装材料都在宣称自己"环保、无污染"，但这只是相对的，新装修的场所、新添置的家具，多少都存在甲醛污染。如果必须入住的话，最好等半年以后再做"造人"计划。

温度异常、噪声过大：环境温度过高或过低、噪声过大、振动剧烈，对女性受孕、养胎非常不利。如怀孕前在冷库、纺织车间工作或严冬、酷暑长时间在户外工作的女性，备孕时及孕期最好调换岗位。

空气污染：雾霾天气在一些城市很常见，户外PM2.5浓度长时间爆表，不是我们所能控制的，为了让孩子更健康，最好在室内使用空气净化器，外出戴口罩，把健康危害降到最低。

烟尘环境、二手烟：如果长时间处于高烟尘环境（如接触尾气、煤烟、粉尘、油墨等）或封闭的二手烟环境，不仅伤肺，其中的有害物质还会通过血液进入人体的各器官，对神经系统、生殖系统均有明显危害，尤其女性应尽量回避。

动物：如果是长期自家养的宠物猫、狗，也不必太过紧张，但如果是在宠物店、宠物医院、有活禽的菜市场、养殖场工作，或接触太多健康不明的野生、流浪动物，容易感染寄生虫或病毒，对孕产安全不利，女性最好远离太多动物的环境。

高强度体力工作：现代社会男女平等，女性可以从事任何愿意从事的工作。但必须承认，男女在体力上是有区别的，特别是备孕及怀孕过程中的女性，为了孕产安全，均应避免高强度的体力工作。如需要反复提举重物、频繁上下楼梯、长时间站立、蹲着、弯腰的体力工作，长时间泡在冷水里等。

异香：从备孕开始到整个孕期，女性都要注意，有些芳香走窜的香气会活血、破血，对安胎不利，容易引起流产。如麝香、樟脑等香气。

化学洗涤用品：洗涤灵、去污粉等洗涤用品的杀精作用虽未得到充分证明，但为了安全起见，准备怀孕的人要少接触洗涤用品，洗碗、清洁厨房或卫生间时戴上手套会好一些。

把握好受孕时机

优生优育与受孕时机有关，一个健康的孩子往往是从优质胎儿开始的，甚至是在受精时就决定了。那么，在受孕阶段，有什么需要注意的呢？

准确掌握排卵周期

准确掌握女性的排卵周期，才能提高受孕成功率。

通常女性在来月经之前的14天开始排卵。如果女性的生理周期比较准确的话（一般为28天左右），可以预计下次来月经的日期，倒数14天，以这一天为基准，往前数5天，往后数4天，即排卵前5天和排卵后4天，这前后10天是女性每个周期最易受孕的日子，且更大的机会是在排卵前。

抓住这10天的排卵期，提高性爱质量，是成功受孕最关键、最简单有效的方法。

适度的性生活

研究表明，男性每隔几天射精一次，才能保证产生质量较好、活性足够、数目充足的精子。所以，为了保证排卵期的精子质量，在非排卵期宜适当控制性生活，而在排卵期也最好隔日性交一次，往往比一天性交多次更有效。

排卵期的推算

2017年8月						
日	一	二	三	四	五	六
		1	2	3	4	5
6	7	8	9	10	11	12
13	14	⑮	16	17	18	19
20	21	22	23	24	25	26
27	28	29	30	31		

月经周期28天　　⑮ 排卵日

 安全期　■ 月经期　■ 排卵期

最易受孕的姿势

女性仰卧、男性在上的传统性交姿势最有利于怀孕。性交后女性最好能仰卧15~30分钟。如为子宫后位的女性，可在臀部垫上两个枕头，让精子易于进入宫颈、子宫，提高受孕成功率。

冲洗阴道要小心

切勿用酸性的液体洗涤阴道，因为酸性液体会杀死精子，可以用稍有碱性的液体清洗，其实，清水才是最好的清洁剂。此外，润滑剂可能会减少怀孕的机会，能不用就尽量不用。

不宜受孕的时机和环境

中医认为，人与天地相感应，交合也应"知时而动"，选择适宜的时机和气候环境，才能达到最佳效果，避免出现对双方及后代健康不利的状况。最佳状态应为气候温和湿润、万物化生之时，而环境应舒适宜人、安全隐蔽，最能让人身心放松。

古人总结了一些不宜交合受孕的时机和环境，现在看来也都是有科学道理的。备孕夫妻应当注意，有以下状况时应避免房事。

嘈杂吵闹的环境：如果周围环境嘈杂纷乱，吵闹，各种响动很多，都容易使人受到惊扰，产生紧张、不安全的情绪，不利于集中精神行房。

庙宇之内、神像之前：不论是否有此信仰，在圣地、圣物面前行房都是一种不尊重，会有一种不良的心理暗示，从而产生精神压力。

大喜大悲，愤懑郁怒：如有悲喜过度、怨恨、愤怒、恐惧、忧愁、抑郁等不良心理状态时，不宜行房。

虚劳染病：在身体疲劳、虚弱和染病未愈时，勉强行房最损身体。

大寒、大暑之时：自然界大寒、大热达到极致时，行房容易加重人体损耗，最好避免。

恶劣天气时：如外界雷电霹雳、狂风暴雨、日蚀、月蚀、诡异天象或地震、洪水等自然灾害时，行房易受到惊吓。

大饥大饱、酒醉：过度饥饿、饱食或酒醉后同房，"损人百倍"。

女子经、孕、产后：女性月经期、孕期、产后恢复期都不宜行房，以免感染妇科疾病。

情深婴美

我国隋代医学家巢元方在《诸病源候论》中提出了"情深婴美"的理论，认为受孕时的状态对后代健康非常重要。

"良宵佳境，夫妻心情平和舒畅交媾而孕者，其后代不仅长寿，而且智慧过人。"夫妻间适度、和谐的性生活，并能在环境静谧舒适、双方心情舒畅、情感深厚融洽、气机流畅、精血旺盛时交媾而孕，就能孕育出一个健康长寿、智慧过人的孩子。

古人也强调，夫妻同房应以"情"为基础。"男女情动，彼此神交，然后行之，则阴阳和畅，精血合凝。"感情和谐融洽的时候才更容易唤起性兴奋，提高性爱质量和受孕率。反之，若夫妻感情不佳、不相感应，而只是单纯的交合，则有害无益。

我国古人的观点与现代医学研究结果不谋而合。现代内分泌学研究认为，男女之情的萌发与脑垂体后叶分泌的加压素和催产素有关。感情非常好的男女在前戏过程中均分泌大量的加压素和催产素，加上性激素，构成一个有利于受孕的内环境，使排卵、射精、受精、着床等一系列环节都能顺畅进行，从而受孕成功率高。这种内分泌激素的协调、内环境的稳定，才能促进胎儿发育成长，使其心智、体力俱佳。如果房事环境恶劣、心情不佳、双方感情冷淡，未做床前戏而骤然行房，则性激素、加压素、催产素必然分泌低下，不仅造成精神痛苦，而且此时受孕，各种条件均不具备，内环境恶劣，胎儿发育必然会受到影响。

妈妈调养好，受孕生养更轻松

补益气血身体棒

孕产过程需要妈妈大量的气血储备，所以，补益气血是备孕的首要工作。第一，气血充足的女性更容易受孕；第二，胎儿全凭妈妈的气血供养，气血充足才能保证胎儿健康强壮；第三，生产时耗气伤血，产前身体再棒的妈妈，产后也都会有不同程度的体虚；第四，气血充足也是产后能正常哺乳的保证。如果孕前就存在气血亏虚状况的女性，整个孕产过程不仅会加重自身体虚，而且不利于胎儿健康，易导致胎儿先天不足。孕前有手脚冰凉、体弱怕冷、面色苍白或萎黄、贫血、瘦弱无力、容易疲倦、气短乏力的女性尤要加强补益气血。

山药豆浆粥

功效

健脾胃，养气血。

材料

怀山药150克，糯米40克，大米10克，豆浆500毫升，枸杞子5克。

调料

白糖适量。

做法

1 糯米和大米混合浸泡1小时。

2 山药蒸熟去皮。2/3碾压成泥，1/3切块备用。

3 豆浆加200毫升水，混合烧开后，加入糯米、大米和枸杞子，小火熬煮至黏稠软烂。

4 加入山药泥和山药块，放入适量白糖，拌匀，即可。

妈妈备孕叮咛

→ 山药健脾固肾，豆浆蛋白质充足，糯米、大米养护脾胃，枸杞子滋阴益血。

→ 此粥也叫"美玲粥"，是宋美玲女士府上经常烹制的养生粥之一。

→ 用豆浆煮粥，不仅风味更浓郁，还提升了益气作用。但熬煮时非常容易溢锅，注意全程用小火熬制。

→ 气滞腹胀、便秘者不宜多吃。

桂圆莲子紫米粥

功效

益气养血，补益虚损。

材料

紫米50克，糯米30克，桂圆干、莲子各10克。

调料

白糖适量。

做法

1 将全部材料放入高压锅中，倒入适量水混合，炖煮40分钟。

2 加入适量白糖食用。

妈妈备孕叮咛

➜ 紫米、糯米益气补血，桂圆补益心脾、养血安神，莲子健脾益肾、止泻止带。

➜ 此粥可补益脾、肾、心，健脾胃，养气血，尤其适合气血不足、身体瘦弱、体虚乏力、贫血、食欲不振、脾虚易腹泻及带下的备孕者。

➜ 湿盛中满而腹胀、内热上火而大便燥结者不宜多吃。

红豆芋圆粥

功效

健脾气，养阴液，补虚损。

材料

赤小豆、紫薯、南瓜各50克，
木薯粉80克，牛奶400毫升。

调料

白糖10克。

做法

1 将紫薯去皮，南瓜去皮、瓤，
  都上锅蒸熟，分别打成泥。

2 紫薯泥、南瓜泥分别与木薯粉
  混合，揉成光滑的面团，再将
  面团分剂、搓圆，放入开水中
  煮至漂浮，制成芋圆。

3 赤小豆放入高压锅，放入白糖
  和适量清水，煮40分钟。

4 将牛奶温热，倒入碗中，放入
  煮好的芋圆和赤小豆，即成。

妈妈备孕叮咛

→ 赤小豆、紫薯、南瓜、木薯均是健脾养
  胃的食材，牛奶则有滋阴润燥、补益虚
  损的功效。

→ 此粥口感软糯香甜，营养丰富，适合虚
  弱劳损、胃口不佳、虚热烦渴、经常便
  秘、免疫力差的备孕者常食。

补血八宝饭

功效
补血虚，安心神，增免疫。

材料
糯米200克，红豆沙50克，莲子、桂圆肉、花生仁各10克，蜜枣6枚，枸杞子5克。

调料
白糖20克。

做法
1 糯米浸泡一夜；枸杞子、桂圆肉泡软；花生仁、莲子煮熟。

2 将糯米放入蒸锅，蒸制30分钟，趁热拌入白糖。

3 取大蒸碗，将碗底抹一层油，摆入莲子、花生、蜜枣、桂圆肉、枸杞子，先填入一半糯米饭压实，放入红豆沙，再放另一半糯米饭压实。

4 再上蒸锅，大火蒸10分钟，取出后倒扣在盘子上，即成。

妈妈备孕叮咛

➜ 大枣、赤小豆、莲子、桂圆、花生、枸杞子都是补血的好材料。

➜ 此粥可养气血，安心神，非常适合备孕的女性，尤宜体质虚弱、面色苍白或萎黄、免疫力差者。

➜ 湿盛中满、腹胀、上火者不宜多吃。

山药紫薯泥

功效
健脾益气，滋阴润燥，增强体质。

材料
山药、紫薯各200克，牛奶适量。

调料
蜂蜜适量。

做法
1 山药与紫薯蒸至软熟，晾凉。
2 分别去皮后放入搅拌机，加入牛奶和蜂蜜，搅打成山药紫薯泥，即可食用。

妈妈备孕叮咛

→ 山药治诸虚百损，疗五劳七伤，健脾胃，固肾气，润皮毛，益气力，长肌肉，止腰痛，止泻痢，是补虚的常用食材。

→ 山药搭配紫薯、牛奶、蜂蜜等食材，既能益气，又可滋阴，非常适合消瘦乏力、营养不良、食少泄泻者食用。

→ 将山药泥和紫薯泥装入烘焙用的裱花袋中，可以挤出图中冰激凌的造型。

鹅肝酱吐司

功效

补充热量，养血补虚。

材料

鹅肝200克，洋葱50克，吐司片、小番茄、生菜叶各适量。

调料

黄油20克，香叶1克，盐适量。

做法

1 洋葱洗净，切成碎末；香叶切碎；小番茄洗净，切小块；生菜叶撕成小片。

2 黄油在锅中融化，放入洋葱碎和香叶炒出香味，放入鹅肝煎熟，加少许盐，盛出晾凉后倒入搅拌机中，打成鹅肝酱。

3 吐司片烤热，铺上生菜叶，放上小番茄，抹上鹅肝酱，搭配食用。

妈妈备孕叮咛

→ 动物肝脏有很好的补血作用，搭配富含维生素的新鲜蔬菜，作为早餐配菜食用，不仅美味可口，又能提高营养价值，增强补益气血的效果。

→ 鹅肝、黄油所含胆固醇及热量均偏高，肥胖、高血脂、高血糖者不宜多吃。

腌酒枣

功效

补中益气，补血活血。

材料

新鲜大枣1000克，白酒适量。

做法

1 大枣洗净，晾干表面水分。

2 取干净大盆，将大枣放入，并淋入适量白酒，保证每颗枣都沾上白酒。

3 筛出大枣放入保鲜袋内，用绳子封好。

4 室内阴凉处发酵一周以上，即可食用。

妈妈备孕叮咛

→ 大枣又被称为"脾之果"，是补养气血的传统滋补品，添加少量酒，可以起到活血化瘀、畅通血脉的作用。

→ 气血不足、消瘦苍白、倦怠乏力、虚寒冷痛、食少、心情烦闷不畅的备孕者可以多吃一些。

→ 腌酒枣热性较高，有湿痰、积滞、内热上火者不宜多吃。

番茄牛腩煲

功效
强身健体，益气补虚。

材料
牛腩500克，土豆、番茄各100克，葱段、姜片各适量。

调料
番茄酱30克，料酒、酱油、盐各适量。

做法
1 牛腩切大块，冷水下锅，大火煮开，捞出，洗净。

2 土豆去皮，洗净，切块；番茄洗净，切块。

3 锅中倒油，烧热，下葱段、姜片炝锅，放入牛腩块，加料酒、酱油，炒上色，倒入适量水，小火炖煮1小时。

4 拣出葱、姜，放入土豆块、番茄块，加番茄酱、盐，续煮20分钟，至绵软后出锅。

妈妈备孕叮咛

→ 红肉是铁元素的重要来源，而牛肉中血红素铁含量尤其丰富，能有效预防缺铁性贫血。中医也认为，牛肉健脾胃，生气血，健筋骨，丰肌肉。

→ 此菜尤其适合气血不足、形体瘦弱、气虚乏力、筋骨不健、免疫力差者常食，一般人食用，可让身体更强壮有力。

麻辣鸭血"豆腐"

功效

补血养血。

材料

鸭血300克，葱花适量。

调料

豆瓣酱10克，淀粉、盐、麻椒各适量。

做法

1 鸭血切块，在开水中焯熟。

2 锅中倒入油，烧热，下豆瓣酱和麻椒，炒出红油，放入鸭血和适量水，烧2分钟，加盐调味，勾芡后盛入盘中，撒上葱花，即成。

妈妈备孕叮咛

➡ 动物血制品含铁丰富，且最容易被人体吸收，适度食用有助于补血养血，防治贫血。

➡ 鸭血有些腥味，一般用麻辣的调料炒制，可以遮盖腥味，并能缓解鸭血的寒性。

➡ 如果对此味比较敏感，还可以将鸭血在淡盐水中浸泡10分钟，捞出后再开水焯熟，可有效去除腥味。

牛肉黑三剁

功效
补益气血，长肌肉，壮筋骨。

材料
牛肉馅200克，甜菜头100克，青椒、红椒各50克。

调料
料酒、酱油各15克，香油10克，盐、胡椒粉各适量。

做法
1 甜菜头、青椒、红椒分别洗净，切丁备用。
2 锅中底油烧热后，下牛肉馅和料酒，翻炒至变色，加酱油略炒，放入青椒、红椒和甜菜头丁，炒至断生，加盐、胡椒粉调味，淋香油，即可。

妈妈备孕叮咛

→ 常食此菜，可使骨骼、肌肉更强壮有力，气血更充沛，面色更红润，有增强体质、提高抗病能力的作用。

→ 一般人均宜食用，尤其适合体虚乏力、瘦弱苍白、营养不良、疲倦劳累的备孕者补养身体。

冬笋炒肉片

功效

补虚强身，滋阴养血。

材料

猪肉200克，冬笋300克，干辣椒2个，葱花少许。

调料

料酒15克，水淀粉、盐、香油各适量。

做法

1 冬笋去老皮，切片，焯水断生后沥水备用；猪肉洗净，切片，用料酒、盐和水淀粉上浆。

2 锅中倒油，烧热，下葱花和干辣椒炝锅，放入猪肉片，炒变白色，放入冬笋略炒，加入盐调味，淋香油后出锅。

妈妈备孕叮咛

→ 猪里脊肉可补虚强身、养血润燥，冬笋可滋阴凉血、清热除烦、畅通肠胃。

→ 此菜荤素搭配，众人皆宜，尤其适合瘦弱虚羸、血虚面黄、食欲不振、营养不良者常食。

→ 猪肉与其他肉类相比，脂肪含量较高，肥胖者要控制食用量。

酸辣藕丁

功效

健脾养胃，益血生肌。

材料

莲藕300克，干辣椒适量。

调料

酱油、米醋各10克，白糖、盐、淀粉各适量。

做法

1 莲藕去皮，切丁，在开水中焯断生后沥水；干辣椒切段。

2 所有调料放入小碗，加适量水，调成味汁。

3 锅中倒油，烧热，下干辣椒段，煸炒出香味，放入藕丁，略炒，倒入味汁，炒匀，即可出锅。

妈妈备孕叮咛

→ 莲藕生用可清热止渴、凉血散瘀，熟用可健脾开胃、益血生肌。所以，用于补气血时最好要吃熟藕。

→ 莲藕有健脾养血的功效，适合血虚萎黄、食欲不振、体弱多病者常食，是温和补益、容易消化的食养品。

清炖鸽子汤

功效
滋补益气，补虚强身。

材料
鸽子500克，水发黄豆50克，西洋参片6克，姜片适量。

调料
料酒、盐各适量。

做法
1 鸽子处理干净，冷水入锅，大火煮开后捞出，洗净。
2 砂锅中放入鸽子，加适量水，煮沸，撇净浮沫，倒入料酒，放入水发黄豆、西洋参片和姜片，改小火，煮1小时，加盐调味，即可。

妈妈备孕叮咛

→ 鸽子补肝强肾，是补虚佳品，有"一鸽胜九鸡"的说法。

→ 鸽子搭配健脾气的黄豆和凉补气血的西洋参，可增强补虚养血的功效，适合神疲体弱、气虚食少者，尤其适合月经不调、血虚闭经者调养。

→ 男性吃鸽肉可提高性能力和精子质量，所以，此菜也适合夫妻同吃。

→ 气滞胀满、上火者不宜多吃。

木耳鸡汤

功效
温养气血，疗补虚弱。

材料
三黄鸡肉200克，水发木耳50克，姜片10克，香葱末少许。

调料
料酒15克，胡椒粉、盐各适量。

做法
1 三黄鸡肉切成大块，冷水下锅，大火煮开后捞出，洗净。

2 锅中放入鸡块，加适量水，烧开，撇去浮沫，放入料酒、姜片，改小火，煮30分钟。

3 拣去姜片，放入水发木耳，加盐、胡椒粉，续煮10分钟后盛入汤碗，撒上香葱末，即成。

妈妈备孕叮咛

→ 黑木耳含铁量较高，被营养学家誉为"素中补铁之王"。中医则认为，黑木耳有益气补血、凉血止血的功效，常被用作补血良药。

→ 鸡肉也是温养气血的常用材料，搭配黑木耳，适合体质较虚弱、苍白萎黄、有贫血倾向者常吃。

莲藕排骨汤

功效

补中益气，滋阴润燥，补虚强身，壮骨生肌。

材料

排骨500克，莲藕250克，胡萝卜100克，葱段、姜片各适量。

调料

料酒、盐适量。

做法

1 排骨冷水下锅，大火煮开后捞出洗净；莲藕、胡萝卜分别洗净，切块。

2 锅中放入排骨，加适量水，烧开，撇去浮沫，放入料酒、葱段、姜片，改小火，煮40分钟，拣去葱、姜，放入莲藕、胡萝卜，加盐，续煮20分钟，即可。

 妈妈备孕叮咛

➡ 排骨含有大量蛋白质、磷酸钙、骨胶原、骨黏蛋白等，是补钙壮骨、丰满肌肉、填髓生血的营养食材。

➡ 排骨搭配健脾养血的熟莲藕和胡萝卜，可增强补益效果，又能促进营养吸收。一般人食用可增强体质，尤宜体虚乏力、神疲劳倦、瘦弱多病、苍白萎黄者。

鲫鱼浓汤

功效

健脾胃，益气血，止呕吐，消水肿。

材料

鲫鱼500克，大枣、花生、枸杞子各10克，姜片适量。

调料

料酒、盐各适量。

做法

1 锅内放底油，烧热后放入姜片，再放入鲫鱼，煎至两面焦黄，烹入料酒。

2 倒入适量清水，大火烧开，撇去浮沫，放入大枣、花生、枸杞子，中火熬煮30分钟至汤色浓白，加盐，即可。

妈妈备孕叮咛

→ 鲫鱼可健脾和胃，利水消肿，通畅血脉，一般人均宜食用，尤宜脾胃虚弱、食欲不振、食少反胃、瘦弱乏力者。

→ 此汤也适合脾虚水肿、胃痛呕吐、产后乳汁不通者，所以，备孕期、怀孕期及产后哺乳期都宜食用，特别适合有孕期呕吐、孕期水肿、产后乳少者。

樱桃洛神花羹

功效

养血排毒，增强免疫。

材料

樱桃100克，水发银耳50克，洛神花2个。

调料

蜂蜜适量。

做法

1 樱桃洗净，去核，果肉切成小丁。

2 银耳洗净，放入高压锅，煮50分钟，制成银耳羹。

3 将银耳羹倒入碗中，放入樱桃丁、洛神花和蜂蜜，拌匀，即可食用。

洛神花也叫玫瑰茄

妈妈备孕叮咛

➡ 樱桃的含铁量居水果首位，是"补血之王"，中医认为，其有健脾益气、补血益肾的功效。《滇南本草》说它"治一切虚症，能大补元气，滋润皮肤。"

➡ 银耳可滋阴润燥、净肠排毒，洛神花能敛肺止咳、降压、解肝毒。与樱桃搭配，可增强养血排毒的作用，提高人体免疫力。

吃对饮食补叶酸

孕妇对叶酸的需求量比正常人高4倍，补充叶酸是备孕期间和怀孕早期的必需功课。一般医生会建议准备怀孕的女性从孕前3个月开始，到怀孕3个月期间，服用叶酸片来补充叶酸，以最大程度地减少胎儿神经管畸形和唇裂的发生。

叶酸在深绿色蔬菜、新鲜水果、谷物、豆类、动物肝脏、蛋黄中含量丰富。叶酸含量高的食物有芦笋、西蓝花、卷心菜、菠菜、油菜、茼蒿、水芹菜、南瓜、牛油果、香蕉、燕麦、肝脏、蛋黄等，备孕的女性吃起来！

香蕉派

功效

补充叶酸，润肠通便。

材料

香蕉200克，馄饨皮适量，鸡蛋黄1个，芝麻少许。

材料

黄油、盐、白糖各适量。

做法

1. 香蕉去皮，切片；鸡蛋黄加盐、白糖，搅匀成蛋黄液。
2. 用馄饨皮包入香蕉薄片，将接缝处捏紧，制成香蕉派生坯。
3. 平锅上火，抹少许黄油，放入香蕉派生坯，两面煎至微黄后取出。
4. 将表面刷上适量蛋黄液，撒上芝麻，码烤盘，放入预热的烤箱，设置上下火，190℃，烤制5分钟，即成。

妈妈备孕叮咛

→ 每100克香蕉中含有27微克叶酸，在叶酸食物排行榜上排名靠前，属于高叶酸食物。

→ 香蕉富含钾、镁等元素，对降血压有益，且有镇静作用，可令人精神愉悦。

→ 香蕉、芝麻都有润燥通肠的作用，也适合肠燥便秘者常食。

松仁南瓜羹

功效

补充叶酸，促孕，养精。

材料

南瓜200克，熟松子仁10克。

调料

白糖适量。

做法

1 南瓜去皮、瓤，切块，蒸熟。

2 把蒸好的南瓜放入搅拌机，加
   适量水，打成南瓜泥。

3 将南瓜泥倒入碗中，加入白糖
   和松子仁，拌匀，即可。

妈妈备孕叮咛

➡ 南瓜是富含叶酸的食材，每100克南瓜
   含叶酸267微克。

➡ 松子仁不仅蛋白质、脂肪酸的含量丰
   富，钙、锌、B族维生素、维生素E（生
   育酚）等促孕、养精的成分含量也很
   高，特别适合备孕的夫妻共同食用。

➡ 此羹可作为早餐或两餐之间的点心食
   用。

芒果西米露

功效

补叶酸，增营养。

材料

芒果150克，西米25克，椰浆粉10克。

调料

白糖适量。

做法

1 将西米放入锅中，煮至透明膨大，捞出后投入冷水中冷却，沥水备用。

2 芒果取果肉，切成丁。

3 碗中放入椰浆粉，加入适量清水，搅匀，放入西米、芒果丁和白糖，拌匀，即成。

妈妈备孕叮咛

→ 芒果也是高叶酸食物，每100克芒果含叶酸94微克。

→ 这道甜品健脾开胃，适合食欲不振、食少烦闷、消化不良者多食。

→ 食物中的叶酸不稳定，高温受热容易分解，若经长时间烹煮，可损失50% ~ 90%，所以，新鲜水果尽量生食。

卷心菜蛋饼

功效

补充蛋白质、叶酸等营养。

材料

卷心菜200克，面粉100克，鸡蛋2个。

调料

黄油10克，盐、番茄酱适量。

做法

1 卷心菜洗净，切碎，放入调理盆，打入鸡蛋，倒入面粉，加适量盐，用适量温水把黄油化开后也倒入调理盆，搅拌成均匀的菜面糊。

2 平底锅上火，刷少许油，倒入菜面糊，小火煎熟出锅，切块后装盘，淋上番茄酱，即可。

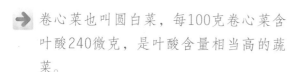

妈妈备孕叮咛

→ 卷心菜也叫圆白菜，每100克卷心菜含叶酸240微克，是叶酸含量相当高的蔬菜。

→ 鸡蛋中的蛋黄也是富含叶酸的食材，搭配卷心菜，还能增强滋阴养血、改善营养的作用。

烤燕麦蛋奶

功效
营养充足，补钙及维生素。

材料
即食燕麦片30克，鸡蛋1个，牛奶100克，吐司1片，葡萄干、花生碎粒各适量。

调料
白糖适量。

做法
1 将即食燕麦、鸡蛋、牛奶、白糖搅拌均匀后放入烤碗。
2 将吐司切丁，也放入烤碗。
3 撒入葡萄干和花生碎粒。
4 把烤碗放入预热的烤箱，设置上下火，180℃，烤制25分钟，即可。

妈妈备孕叮咛

→ 谷类食物富含B族维生素，其中也包括叶酸。每100克燕麦中含有190微克叶酸，是补充叶酸的好材料。

→ 烤燕麦蛋奶营养丰富，不仅淀粉、蛋白质充足，多种维生素及钙、铁等矿物质含量也很高，备孕者可作早餐常食。

豌豆蛋卷

功效
增营养，补叶酸。

材料
青豌豆100克，鸡蛋1个。

调料
白糖、盐各适量。

做法
1 青豌豆煮熟，放入搅拌机，搅打成豌豆泥，倒入碗中，加白糖，搅拌均匀。

2 鸡蛋打散加入盐和少许清水，在平底锅中摊成蛋饼。

3 将豌豆泥抹在蛋饼上，卷成卷，切成段，即可。

妈妈备孕叮咛

→ 豆类也是叶酸的重要来源之一，每100克豌豆含叶酸83微克。

→ 豌豆搭配鸡蛋，植物蛋白和动物蛋白能起到互补作用，增加蛋白质的利用率。

→ 豆类食物吃多了容易胀气，腹胀气滞者不宜多吃。

金枪鱼蛋盅

功效

补钙，补铁，补叶酸。

材料

鸡蛋3个，罐头装金枪鱼肉50克，枸杞子少许。

调料

沙拉酱20克。

做法

1 鸡蛋煮熟，去除外壳，切半后取出蛋黄。

2 留两块金枪鱼肉备用，其他金枪鱼肉与蛋黄一起捣成泥，加入沙拉酱，搅拌均匀。

3 把制好的金枪鱼蛋黄泥填入蛋白中，顶部放金枪鱼块和枸杞子即可。

妈妈备孕叮咛

→ 鸡蛋的叶酸主要集中在鸡蛋黄中，每100克鸡蛋黄含叶酸113微克左右。

→ 金枪鱼蛋盅高热量、高蛋白、高钙、高铁、高叶酸，适合营养不良、体虚乏力、贫血者食用，也是备孕者的理想营养品。

→ 胆固醇、血脂偏高、肥胖者不宜多吃。

茼蒿海鲜粥

功效
补充蛋白质、多种维生素及矿物质，益精助孕。

材料
大米、茼蒿各100克，蛤蜊肉50克，姜末、蒜蓉各少许。

调料
盐适量。

做法
1 大米淘洗干净；茼蒿择洗干净，切碎；蛤蜊肉洗净。

2 锅中倒入大米，加适量水，煮至粥成，放入茼蒿碎和蛤蜊肉，加盐调味，再煮沸盛入碗中，放入姜末、蒜蓉，即成。

妈妈备孕叮咛

➡ 每100克茼蒿含叶酸114微克，也属于高叶酸蔬菜。

➡ 蛤蜊等贝壳类海鲜中，蛋白质、钙、铁、磷、锌、镁等营养物质的含量均较高，对女子增强营养、男子提高精子质量十分有益，适合备孕夫妻同吃。

三文鱼
牛油果拌饭

功效

增强多种营养，有助备孕。

材料

米饭100克，三文鱼80克，牛油果100克。

调料

酱油、芥末膏各适量。

做法

1 将三文鱼洗净，切块；牛油果取果肉，切片。

2 把调料放入味碟，调成味汁。

3 平锅中倒少许油，烧热，放入三文鱼块，中火煎至表面焦黄。

4 米饭盛入碗中，码上三文鱼和牛油果片，摆上味碟，即成。

妈妈备孕叮咛

 牛油果富含叶酸、维生素B_2、维生素A、维生素E（生育酚）等，营养价值很高，适合备孕夫妻共同食用。

牛油果直接食用不太好吃，这样搭配，口感就更容易接受了。

牛油果的脂肪含量很高，有"森林黄油"之称，高血脂、高胆固醇及肥胖者要控制食用量。

浓汤芦笋

功效
补充叶酸，提高免疫力。

材料
芦笋300克，红椒丁适量。

调料
高汤、淀粉、盐各适量。

做法
1 芦笋洗净，斜刀切段，在开水中焯烫断生。
2 锅中放入高汤煮开，放入芦笋、红椒丁和适量盐，勾芡，炒匀，即可。

妈妈备孕叮咛

→ 每100克芦笋含叶酸190微克，也是补充叶酸的好食材。

→ 芦笋还含有丰富的维生素A、铁以及硒、锰、锌等营养物质，绿色越深者所含营养物质越丰富。

→ 常食此菜对提高免疫力十分有益。

果仁菠菜

功效

养血润燥，补叶酸，促怀孕。

材料

菠菜200克，花生仁50克，炸辣椒1个。

调料

生抽5克，醋5克，白糖2克，香油2克，盐适量。

做法

1 花生仁放入平底锅中，小火烘烤熟，晾凉，备用。

2 将菠菜择洗干净，在开水中焯烫断生后盛入大碗。

3 放入花生仁、炸辣椒和所有调料，拌匀，即可。

妈妈备孕叮咛

➡ 叶酸最早是从菠菜叶中提取纯化而来，故而命名为叶酸。可见，菠菜叶是叶酸的重要来源，每100克菠菜含叶酸210微克。

➡ 花生等坚果有养血润燥作用，常食有一定的助孕效果，但其油脂含量较高，肥胖多脂者不宜多吃。

蘑菇炒油菜

功效
补充多种营养素，消肿解毒，提高免疫力。

材料
凤尾菇150克，油菜250克，葱花少许。

调料
盐适量。

做法
1 凤尾菇洗净，手撕成块；油菜择洗干净。
2 锅中倒入油，烧热，下葱花炝锅，先放入凤尾菇煸炒2分钟，再放入油菜炒至断生，加盐调味，即可。

妈妈备孕叮咛

→ 每100克油菜含叶酸170微克，也是相当高的。各种蘑菇也都属于高叶酸食物。

→ 常食此菜可补充叶酸、胡萝卜素、维生素C、维生素D等营养素，且有清热消肿、清肠通便、降压降脂、提高免疫力的作用。

→ 孕期如有水肿、便秘、妊娠综合征者也宜食用。

虾油西蓝花

功效

补叶酸，补钙，益精助孕。

材料

西蓝花200克，海虾150克。

调料

生抽、盐各适量。

做法

1 西蓝花切成小块，在开水中焯烫断生，捞出备用。

2 将海虾挑去虾线，洗净后从虾头处切断。

3 锅中倒入油，烧热，放入海虾煸炒，反复按压虾头令虾油析出，放入西蓝花，加入调料，翻炒均匀，即可。

妈妈备孕叮咛

➜ 每100克西蓝花含叶酸210微克，与菠菜的叶酸含量相当。

➜ 大虾是高蛋白、高钙的营养品，且有益精助阳的作用。

➜ 此菜既能为女性补充叶酸，补钙强身，又能提高男性的精子质量，增强性功能，备孕夫妻可共同食用。

豆豉鲮鱼油麦菜

功效
养血补钙，补叶酸。

材料
油麦菜150克，罐头装豆豉鲮鱼100克。

调料
白醋适量。

做法
1 将油麦菜择洗干净，沥水，切段后放入碗中。
2 罐头装豆豉鲮鱼切成小碎块后也放入碗中，加入白醋，搅拌均匀，即成。

妈妈备孕叮咛

➡ 油麦菜也是叶酸含量较高的深绿色蔬菜。豆豉鲮鱼则可益气血、健筋骨。

➡ 此菜可养血补钙，补充叶酸，健脾开胃，适合食欲不振、营养不佳的备孕者。

➡ 食材中的叶酸会因烹饪加热过长而减少，故绿色蔬菜尽量以温拌或快炒的烹饪方式为佳。

凉拌荷兰豆

功效

补充叶酸、钙、铁等营养。

材料

荷兰豆250克，葱段、干辣椒段各适量。

调料

米醋、盐各适量。

做法

1 荷兰豆择洗干净，切成丝，入开水锅中，焯熟后立即投入凉水中冷却，沥水，放入碗中。

2 锅中倒入油，烧热，下葱段、干辣椒段，炒出香味后淋在荷兰豆上，加调料，拌匀，即可。

妈妈备孕叮咛

➡ 荷兰豆鲜嫩美味，又是叶酸、钙、铁、植物蛋白的良好来源，非常适合备孕者食用。

➡ 此菜还可健脾开胃，益气养血，提高免疫力。

➡ 由于叶酸普遍存在于植物叶绿素中，所以，颜色越深越绿的蔬菜，叶酸含量越高。

爆炒猪肝

功效

补血，补叶酸。

材料

猪肝200克，红椒50克，葱段、姜片各适量。

调料

料酒、酱油各15克，白糖、淀粉、盐、香油各适量。

做法

1 将猪肝切片，洗净，用料酒和盐抓匀；红椒去蒂、籽，洗净，切块。

2 酱油、白糖、淀粉、盐放入小碗，加少许水，调匀成味汁。

3 锅中倒入油，烧热，下葱段、姜片炝锅，放入猪肝，快速翻炒至断生，放入红椒，倒入味汁翻炒均匀，淋香油出锅。

妈妈备孕叮咛

→ 动物肝脏不仅含铁高，是补血的好材料，还含有丰富的叶酸。每100克猪肝含叶酸335微克，远高于一般的蔬菜。

→ 猪肝在烹饪前反复漂洗，是去除血腥的好方法。

→ 血脂、胆固醇偏高者不宜多吃猪肝。

黄豆凤爪

功效

益气养血，强筋壮骨，补充叶酸、钙、铁及蛋白质。

材料

黄豆100克，鸡爪子200克，干辣椒、葱段、姜片各适量。

调料

料酒、酱油各15克，白糖、盐各适量。

做法

1 将鸡爪子焯烫一下，洗净。

2 锅中放入鸡爪子和适量水，烧开后放入黄豆、干辣椒、葱段、姜片和调料，改小火，炖煮1小时。

3 拣去葱、姜，大火收汁至黏稠，即成。

妈妈备孕叮咛

➡ 除新鲜蔬菜、水果、坚果类外，豆类食材也富含叶酸。每100克黄豆含叶酸130微克。

➡ 鸡爪多皮、筋，胶原蛋白多，有一定的养血作用。

➡ 此菜可开胃健脾，增强补益气血、养筋壮骨的效果，并能补充多种矿物质，增强体质。

补钙从孕前开始

孕妇在整个孕产期需要摄入大量钙质以满足母子两个人的需要。如果体内的钙质不足，孕期就会出现腿抽筋、腰腿酸痛、关节痛、牙痛等不适，这在孕妇中十分常见。严重缺钙的话，胎儿还会发育迟缓，甚至出现佝偻病。所以，从孕前开始，女性就要加强补钙，以提高自身储备，满足日后的营养需求。

补钙饮食首选动物性食品，如牛肉、蹄筋、羊肉、排骨、鸡蛋、牛奶及乳制品、虾、海鱼等。植物性食品中，黑芝麻、芝麻酱、香菇、紫菜、坚果、豆腐及豆制品也是不错的选择。

香芋牛奶羹

功效

补钙，壮骨，润燥。

材料

香芋100克，牛奶200克。

调料

白糖适量。

做法

1 香芋去皮，洗净，切片，上蒸锅蒸熟，取出晾凉。

2 把蒸好的香芋放入搅拌机中，倒入牛奶，搅打成糊状，倒入杯中，加入白糖，搅拌均匀，即可食用。

妈妈备孕叮咛

➡ 牛奶是方便易行的补钙食材，营养学家推荐成人每日至少饮用300克。如果直饮量不够，可以和其他食材做成好喝的饮品。

➡ 有些人喝牛奶易腹胀不适，可以改用酸奶，补钙效果也很好，而且不会有胀气的烦恼。

牛油果酸奶奶昔

功效
补钙，润燥，通便。

材料
牛油果100克，香蕉50克，酸奶、牛奶各50毫升。

调料
白糖适量。

做法
1 将牛油果、香蕉分别取果肉，切成块。
2 将所有材料放入搅拌机，打成泥状，倒入杯中，加入白糖，搅拌均匀，即可。

妈妈备孕叮咛

→ 牛奶、酸奶起到补钙作用，牛油果富含蛋白质、脂肪、维生素E（生育酚），香蕉富含钾、镁等营养元素。

→ 这道奶昔既可以补钙，又能提供备孕需要的其他营养，并有养阴润燥、润肠通便、愉悦身心的作用。

→ 牛油果、香蕉均为高热量食物，且牛油果油脂含量偏高，高血脂、高血糖、肥胖者要控制食用量。

紫菜包饭

功效

养血，补钙，滋养五脏。

材料

米饭150克，鸡蛋1个，黄瓜、火腿肠各适量，寿司紫菜1张。

调料

白醋、酱油、芥末各适量。

做法

1 鸡蛋摊成鸡蛋饼后切成条；黄瓜和火腿肠也切成条。

2 把米饭放入碗中，倒入适量白醋，用手抓上劲。

3 取寿司竹帘铺平，放上寿司紫菜，铺满米饭，依次码上鸡蛋、黄瓜、火腿肠，从一头卷起竹帘，边卷边压实，卷成寿司卷后改刀切成片，即成。食用时蘸取芥末酱油。

妈妈备孕叮咛

➡ 鸡蛋、火腿肠等动物食品养血又补钙。

➡ 紫菜中的蛋白质、钙、铁、磷、胡萝卜素等含量居各种蔬菜前列，故紫菜又有"营养宝库"的美称。

➡ 五色俱全的食物可以滋养五脏，均衡营养，令人赏心悦目，口感也很丰富，看着就让人食欲大增。

麻酱蛋皮凉面

功效

养血补钙，温养脾胃。

材料

乌冬面200克，黄瓜、胡萝卜各50克，鸡蛋1个。

调料

芝麻酱20克，肉末辣酱5克，米醋、盐、白糖、鸡精各适量。

做法

1 黄瓜、胡萝卜分别洗净，切成丝；鸡蛋摊成鸡蛋饼后切成丝。

2 将芝麻酱与米醋、盐、白糖、鸡精混合，加入水，调制成芝麻酱汁。

3 乌冬面入开水锅中，煮熟后立即投入凉水中冷却，沥水，码盘，放上蛋皮丝、黄瓜丝、胡萝卜丝，淋上芝麻酱汁，加上肉末辣酱，即成。

妈妈备孕叮咛

➡ 芝麻酱也叫麻酱，是把炒熟的芝麻磨碎制成的，常作为调料食用，它含钙、含铁量均非常高，且比芝麻更容易吸收，补钙效果也更好。

➡ 芝麻酱加鸡蛋，可以增强养气血、补钙质的作用，此凉面能温养脾胃，适合备孕者补养身体。

芝士烤馒头

功效

补钙，补铁，强壮身体。

材料

白馒头2个，培根50克，马苏里拉芝士100克，鸡蛋黄1个，熟黑芝麻、熟白芝麻和香葱末各适量。

调料

盐、白糖各适量。

做法

1 鸡蛋黄放入碗中，加适量盐和白糖，搅匀成蛋黄液；熟黑芝麻、熟白芝麻混合均匀；培根切成碎粒。

2 将白馒头按照网格状切数刀，注意底部不要切断，先在网格夹缝中放入芝士和培根碎粒，再把表层刷一层蛋黄液后撒上香葱末和芝麻，最后码放烤盘上，入预热的烤箱，200℃，烤10分钟，即成。

妈妈备孕叮咛

➡ 芝士（Cheese）也叫奶酪、干酪、起司，是一种发酵的牛奶制品，每千克奶酪制品是由约10千克的牛奶浓缩而成，因此，蛋白质、钙、脂肪、磷和维生素等营养成分的浓度更高。

➡ 芝士搭配培根、鸡蛋黄等，高热量，高钙，高铁，可快速补充能量和营养。

➡ 肥胖多脂、高血糖者要控制食用量。

芝士焗薯泥

功效

补钙，壮骨，强身。

材料

红薯100克，芝士碎粒50克。

调料

白糖、盐各适量。

做法

1 红薯洗净，上蒸锅蒸熟。

2 将红薯去皮，捣成泥，加入调料，拌匀后装入烤碗，撒上芝士碎粒。

3 将烤碗放入预热的烤箱，设置上下火，190℃，烤制15分钟左右，即成。

妈妈备孕叮咛

→ 焗烤类使用的芝士为马苏里拉芝士（Mozzarella），是水牛奶制成的淡味芝士。这种芝士经过高温烘烤后会有拉丝的口感。

→ 红薯甜度比较高，但热量并不高，且富含膳食纤维，可以平衡芝士的油腻感。

马苏里拉芝士

麻酱豇豆

功效

益气血，补钙质。

材料

豇豆250克。

调料

芝麻酱20克，盐、白糖、鸡精
各适量。

做法

1 豇豆去蒂，洗净，切长段，入
  开水锅中，煮熟后立即投入凉
  水中冷却，沥水，码盘。

2 将各调料放入碗中，徐徐倒入
  清水，搅拌均匀，制成麻酱
  汁，淋在豇豆上，吃时拌均
  匀，即可。

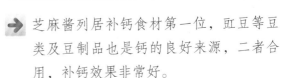

妈妈备孕叮咛

➡ 芝麻酱列居补钙食材第一位，豇豆等豆
  类及豆制品也是钙的良好来源，二者合
  用，补钙效果非常好。

➡ 此菜也有健脾开胃、益气养血的功效。

➡ 豆类及豆制品多吃易胀气，气滞胀满者
  不宜多吃。

小银鱼拌黄豆

功效

壮肾阳，养气血，补钙质。

材料

银鱼200克，干黄豆50克，干辣椒1个。

调料

生抽、老抽各10克，白糖、盐各适量。

做法

1 将黄豆浸泡一晚，洗净；干辣椒切成段。

2 煮锅中放入黄豆和适量水，煮沸后加入各调料和干辣椒，煮至豆软、汤浓，盛入汤碗中。

3 银鱼洗净，沥干水分，下入油锅中，炸至焦脆，捞出后即刻放入汤碗，搅拌均匀，静置2小时，待银鱼吸足汤汁即可食用。

妈妈备孕叮咛

→ 银鱼高蛋白，低脂肪，且属"整体性食物"（即不去内脏、头、翅、骨等），营养完全，有利于壮肾阳、活气血、健脾胃、提高免疫力。

→ 每100克银鱼含钙量高达761毫克，为群鱼之冠，搭配同样高钙、高蛋白的黄豆，补益效果更好。

→ 气滞腹胀者不宜多吃黄豆。

三鲜小炒

功效

钙铁同补，滋阴壮阳。

材料

虾仁100克，水发木耳50克，
鸡蛋2个，黄瓜100克。

调料

盐适量。

做法

1 将水发木耳择洗干净，虾仁挑
  去虾线，洗净，都焯熟。

2 黄瓜洗净，切片；鸡蛋打入碗
  中，搅匀成鸡蛋液。

3 炒锅倒入油，烧热，倒入鸡蛋
  液滑散、炒熟，放入虾仁、木
  耳和黄瓜片，快速翻炒，加盐
  调味，炒匀，即可。

妈妈备孕叮咛

→ 虾、鸡蛋都是高钙、高铁、高蛋白食物，
用于补钙、补血、加强营养效果显著。

→ 虾能益肾、助阳气，鸡蛋能养阴血，木耳
能活血通络，化瘀滞。此菜适合备孕的夫
妻共同食用，有一定的益精助孕作用。

→ 容易过敏者吃虾不要过量。

韭菜小河虾

功效

补钙，助孕。

材料

小河虾200克，韭菜100克。

调料

料酒15克，生抽、盐各适量。

做法

1 韭菜择洗干净，切成段；小河虾用料酒煨15分钟。

2 将小河虾入油锅炸至金黄，捞出备用。

3 锅中留底油，放入韭菜段翻炒至断生，放入小河虾，加生抽、盐调味，翻炒均匀，即可。

妈妈备孕叮咛

→ 小河虾带头、虾壳、脚须等，也属于"整体性食物"，营养完全。尤其是虾壳，基本由钙质构成，是补钙的理想材料。

→ 韭菜有"起阳草"之称，有兴阳助性的作用，常与海鲜搭配炒制，营养和味道都最佳。

→ 此菜适合备孕夫妻共同食用，有提振性欲、益精助孕的作用。

→ 虾和韭菜均为发物，易过敏者少食。

虾皮豆渣丸子

功效

补钙养血，健脾益气。

材料

豆腐渣250克，虾皮50克，面粉、胡萝卜各50克。

调料

五香粉5克，盐适量。

做法

1 胡萝卜切碎末；虾皮切碎末。

2 取一个大盆，将所有材料和原料放入盆中，加适量水，搅拌均匀，即成馅料。

3 锅中倒入油，烧至七成热时，用手将馅料搓出丸子，下入油锅中，炸至浮起，成色金黄时捞出，沥油后装盘。

妈妈备孕叮咛

→ 豆渣是生产豆奶或豆腐过程中的副产品，含有蛋白质、脂肪、钙、磷、铁等多种营养物质。

→ 虾皮的含钙量很高，胡萝卜中的胡萝卜素能促进人体对钙质的吸收。

→ 此菜促进食欲，补钙养血，健脾益气，适合备孕者补益。

烤鸡翅

功效
补钙，强筋，壮骨。

材料
鸡翅500克。

调料
生抽、料酒各10克，蚝油、番茄酱各8克，白糖5克。

做法
1 将所有调料混合，搅拌均匀，把鸡翅浸泡在调料汁中，腌浸2小时以上。

2 将腌入味的鸡翅码烤架上，刷少许油，放入预热的烤箱，设置上下火，200℃，烤制20分钟左右，即成。

妈妈备孕叮咛

→ 鸡翅有温中益气、补精添髓、强腰健胃等功效。鸡翅中相对翅尖和翅根来说，胶原蛋白含量更丰富，补钙、强筋、壮骨的效果更好。

→ 鸡皮的油脂含量较高，经过烤后的鸡翅会析出鸡皮中的部分油脂，可以用餐巾纸按压以吸去油脂，以免太过油腻。

酱牛肉

功效
补钙养血，强筋壮骨。

材料
牛腱子肉1000克，葱段、姜片各适量。

调料
生抽、黄豆酱、料酒各10克，老抽5克，花椒、大料、草果、盐各适量。

做法
1 将牛腱子肉切大块，入冷水锅，煮开后捞出，洗净。

2 煮锅中放入牛腱子肉，加水没过肉块，煮沸后撇净浮沫，放入葱段、姜片和所有调料，改小火，煮2小时，关火。

3 在料汁中浸泡一夜，取出牛肉块，切片食用。

妈妈备孕叮咛

→ 中医认为，牛肉补脾胃，益气血，强筋骨，消水肿，尤宜虚损羸瘦、脾弱不运、腰膝酸软、贫血萎黄者。

→ 牛腱子肉是牛的腿骨肉，不仅蛋白质和钙的含量高，而且肉中含筋，胶原蛋白更丰富，补钙效果更好。常食让人筋骨强壮、肌肉丰满、体力充沛。

海参烩豆腐

功效
补钙养血，滋阴壮阳，增强体质。

材料
豆腐400克，水发海参200克，芥蓝梗50克，葱花少许。

调料
生抽、蚝油各10克，水淀粉、盐各适量。

做法
1 将水发海参去内脏，洗净后切片；芥蓝梗洗净，切段。
2 豆腐切块，用煎锅煎至两面金黄备用。
3 锅中倒油，烧热，下葱花炝锅，放入芥蓝梗、豆腐和海参，加生抽、蚝油和适量水，炖煮5分钟，加盐调味，勾匀芡汁，即成。

妈妈备孕叮咛

➡ 海参与豆腐均含有丰富的钙质，动物性食材和植物性食材搭配食用，食疗效果更佳。

➡ 海参还有补肾益精、壮阳疗痿的功效，豆腐则能益气养血、清热润燥。所以，此菜适合备孕夫妻共同食用，在补钙的同时，男性壮阳，女性滋阴，还能增强体质。

芸豆猪蹄汤

功效

补钙壮骨，养血补虚。

材料

猪蹄500克，芸豆50克，葱段、姜片、香葱末各适量。

调料

料酒、胡椒粉、盐各适量。

做法

1 猪蹄剁成小块，焯水后洗净；芸豆泡发。

2 锅中放入猪蹄和适量水，煮开后撇去浮沫，放入芸豆、葱段、姜片和料酒，改小火，煮2小时。

3 拣去葱、姜，加胡椒粉、盐调味后盛入汤碗，撒上香葱末。

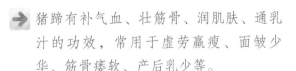

妈妈备孕叮咛

→ 猪蹄有补气血、壮筋骨、润肌肤、通乳汁的功效，常用于虚劳羸瘦、面皱少华、筋骨痿软、产后乳少等。

→ 猪蹄中胶原蛋白和钙的含量很高，动物胶质最有利于养血生髓、强壮筋骨、充实皮肉。如有骨折、缺钙性骨病者，往往用猪蹄汤来调养。

→ 此汤较油腻，肥胖多脂者少吃。

控制体重莫肥胖

气血不足、过于瘦弱的女性不容易受孕，一定要提前调养，补益气血。同样，体重过大、体脂过高的肥胖女性也不容易受孕，把体重降下来，受孕的机会才会大增。

肥胖者多有内分泌失调及代谢功能障碍，即便怀孕了，孕期也易出现流产、妊娠高血压、妊娠糖尿病、难产等问题。因此，在备孕阶段，适当控制体重，对受孕及孕产期的健康都十分重要。

肥胖的女性可少食多餐，多吃些粗杂粮和豆类食物，以代替过多的精细主食。在选择食物时，注意要高营养、低热量，保证营养的均衡全面，切忌肥甘油腻让热量超标。

酸奶鲜果木糠杯

功效

增加饱腹感，控制血糖和体重。

材料

全麦饼干50克，酸奶200克，草莓、蓝莓各适量。

做法

1 将全麦饼干装入保鲜袋，用擀面杖擀碎；草莓去蒂，洗净，切成小块；蓝莓洗净。

2 将饼干碎，酸奶和草莓、蓝莓依次分层倒入高杯中。

3 静置10分钟，待食材味道融合后食用。

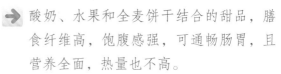

妈妈备孕叮咛

➡ 酸奶、水果和全麦饼干结合的甜品，膳食纤维高，饱腹感强，可通畅肠胃，且营养全面，热量也不高。

➡ 这道甜点可在少食多餐的饮食习惯下，作为加餐，在两餐间食用，尤宜肥胖、血糖偏高的备孕者。

莜面栲栳栳

功效
饱腹感强，促进代谢，瘦身减肥。

材料
莜面粉250克，番茄200克。

调料
盐适量。

做法
1 番茄切块，加适量盐，熬制成蘸酱料，备用。
2 将开水与莜面粉混合，揉成面团。
3 将面团分成小份，擀成面片后团成卷，放入蒸笼。
4 蒸制20分钟后，与番茄酱搭配食用。

妈妈备孕叮咛

→ 莜面在我国北方地区十分常见，是由裸燕麦加工而成的一种面食。其富含微量元素、维生素和膳食纤维，饱腹感强，可促进人体代谢，降糖，通便，是控制体重的良好食材。

→ 莜面不容易消化，注意摄入量不要过多，尤其是晚餐少吃，以免造成消化不良。

奶香小窝头

功效

营养全面，有利于降糖减肥。

材料

细玉米面250克，面粉50克，牛奶180克。

调料

白糖适量。

做法

1 将玉米面、面粉放入面盆，加入适量白糖，牛奶温热后慢慢倒入，先搅拌均匀，再揉成面团，静置30分钟。

2 把面团分成小份，并整形成窝头形状，码入笼屉。

3 蒸锅上火，烧上汽，放上笼屉，大火蒸20分钟，即成。

妈妈备孕叮咛

➡ 玉米面中含有丰富的B族维生素、维生素E及膳食纤维。

➡ 在精细面粉中加入玉米面等粗粮，可以增加饱腹感，提高营养价值，控制食量和餐后血糖，有利于瘦身减肥。

➡ 加入牛奶，可以起到补钙、补充蛋白质的作用，还能改善口感。

➡ 肥胖多脂的备孕者宜多吃这样的主食。

燕麦能量棒

功效
减脂，通便，促进代谢。

材料
快熟燕麦片150克，牛奶200克，咖啡粉5克。

调料
红糖适量。

做法

1 燕麦片放入平底锅，小火翻炒五分钟，关火。

2 放入咖啡粉和红糖，徐徐倒入牛奶，一边倒一边搅拌，待燕麦片吸收水分后倒入长方形扁盒，压实，放入冰箱冷冻室，冷冻2小时。

3 取出定形的燕麦块，切成条状后码盘，即可。

妈妈备孕叮咛

→ 燕麦是公认的减肥食品，常以燕麦来替代部分主食，可起到防治肥胖症、糖尿病及心血管疾病的作用。

→ 这道小点心可作为两餐间的加餐食用，有降低胆固醇、促进代谢、通便、瘦身的作用，又能保证足够的能量。

蜜汁烤南瓜

功效
减肥瘦身，润肠通便。

材料
南瓜200克，黑芝麻适量。

调料
蜂蜜适量。

做法
1 南瓜去皮、瓤，切厚片，码入烤盘，放入预热的烤箱，设置上下火，180℃，烤15分钟。
2 取出烤好的南瓜，涂匀蜂蜜，撒上黑芝麻，即成。

妈妈备孕叮咛

→ 南瓜富含多糖、胡萝卜素、膳食纤维等，可替代部分精细主食，饱腹感强，是减肥、控制体重的良好食材。

→ 黑芝麻、蜂蜜均有润肠通便的作用，也适合大便燥结者食用。

虾皮烧冬瓜

功效
清热消肿，降压降脂。

材料
冬瓜250克，虾皮15克。

调料
盐适量。

做法
1 冬瓜去皮、瓤，洗净，先切成厚片，再用成型器刻出有造型的冬瓜片。

2 炒锅上火烧热，倒入油，下虾皮炒出香味，放入冬瓜，加适量水，小火煮10分钟，放盐调味，大火收汁，即可。

妈妈备孕叮咛

→ 冬瓜热量极低，且有清热降压、利水消肿的功效，适合湿热、痰湿、水肿型肥胖者减肥瘦身，高血压、高血脂、高血糖者也宜多吃。

→ 冬瓜搭配虾皮，可以保证蛋白质、钙等营养的摄入，以免营养不足，这对备孕者尤其重要。

魔芋
蚂蚁上树

功效

增加饱腹感，减肥，通便。

材料

魔芋丝150克，牛肉馅100克，青辣椒25克，葱花少许。

调料

酱油、盐各适量。

做法

1 青辣椒去蒂，洗净，切小段。

2 炒锅上火烧热，倒入油，下葱花炝锅，放入牛肉馅，炒至水分蒸发，加酱油炒上色，放入魔芋丝、青辣椒翻炒断生，加盐调味，即可。

妈妈备孕叮咛

→ 魔芋也叫蒟蒻（jǔ ruò），有"去肠砂"之称。市售的魔芋是由魔芋根茎加工而成的淀粉制品，饱腹感强，是一种低脂、低糖、低热、高膳食纤维的减肥食品。

→ 此菜适合肥胖、便秘、高血压、高血糖、高血脂者食用，适量的牛肉又能保证备孕时的蛋白质需求。

蒜蓉蒸丝瓜

功效
清热解毒，化痰消脂。

材料
丝瓜200克，蒜蓉10克。

调料
生抽10克，剁椒酱适量。

做法
1 丝瓜去老皮，洗净，切段，码入蒸盘，撒上蒜蓉，上蒸锅，大火蒸10分钟后取出，淋上生抽。

2 锅中倒油，烧热，下剁椒酱炒出香味后浇在丝瓜上，即成。

妈妈备孕叮咛

→ 丝瓜是低热量食材，富含B族维生素、维生素C等成分，常食美容又瘦身。

→ 丝瓜有清热化痰、凉血解毒的功效，适合身热烦渴、痰喘咳嗽、月经不调、身体疲乏、产后乳汁不通、疔疮痈肿者多吃。

→ 体虚内寒、腹泻者不宜多食。

干煸花蛤

功效

既可瘦身，又可补充备孕所需营养。

材料

花蛤500克，红尖椒、青尖椒各50克，姜丝少许。

调料

生抽、盐各适量。

做法

1 将花蛤泡水吐沙，洗净；红尖椒、青尖椒去籽后洗净，切段。

2 锅中倒油，烧热，下姜丝炒出香味，放入尖椒略炒，倒入花蛤，翻炒至甲片全开，加调料调味，即可。

妈妈备孕叮咛

→ 花蛤肉味鲜美，高蛋白、低脂肪，富含钙、镁、铁、锌等多种人体必需的元素，且有降低胆固醇的作用，既有营养，又不用担心长脂肪。

→ 蛤肉有滋阴明目、软坚化痰、益精润脏的功效，适合备孕夫妻共同食用。

→ 贝类性寒，加入姜可以缓解其寒性。

→ 贝类应经吐沙、熟透后再食用。

大煮干丝

功效

补益气血，瘦身减肥，调节内分泌。

材料

豆腐丝200克，火腿、鲜香菇各20克，枸杞子少许，鸡汤300克。

调料

盐、胡椒粉各适量。

做法

1 将豆腐丝在开水中焯烫，去除豆腥；火腿切丝；香菇切片。

2 锅中倒入鸡汤，烧开后先放入火腿丝和香菇片，煮5分钟，再放入豆腐丝，续煮10分钟，加调料调味。

3 盛入汤碗，点缀枸杞子，即可。

妈妈备孕叮咛

→ 豆制品是植物蛋白的宝库，有"素肉"的美誉，可补益气血，能保证备孕期的营养，又不肥腻，有助于控制体重、减肥瘦身。

→ 豆类及豆制品还富含植物雌激素，可调节内分泌，改善月经不调，非常适合备孕女性调养。

→ 易胀气者不宜多吃豆类及其制品。

杂粮疙瘩汤

功效

增加饱腹感，控制进食量。

材料

面粉50克，玉米粉、荞麦粉各20克，番茄、菠菜各60克，鸡蛋1个，葱花少许。

调料

盐、香油各适量。

做法

1 番茄洗净，切块；菠菜择洗干净，切段；鸡蛋打入碗中，搅打成均匀的鸡蛋液。

2 面粉、玉米粉、荞麦粉放入大碗，混合均匀，一边加水，一边用筷子快速搅拌成小颗粒状。

3 锅中倒油，烧热，下葱花炝锅，放入番茄炒软，加适量水烧开，撒入面疙瘩搅匀，煮3分钟后倒入鸡蛋液，放入菠菜，再煮沸时加调料调味，即成。

妈妈备孕叮咛

→ 杂粮疙瘩汤的面粉种类和配比没有固定模式，选取喜爱且便于采购的粗粮粉进行烹饪即可。

→ 细粮中加入一定比例的粗粮，再搭配新鲜蔬菜，可使营养更全面更均衡，饱腹感更强，从而起到减少进食量、促进排泄、控制体重的作用。

海白菜蛋汤

功效
清热，瘦身，降压，消肿。

材料
海白菜50克，鸡蛋1个。

调料
酱油、盐、香油各适量。

做法
1 海白菜洗净，切成小片；鸡蛋打入碗中，搅打成均匀的鸡蛋液。

2 锅内放适量水，烧开后放入海白菜，煮5分钟。

3 倒入鸡蛋液，加入调料，再煮沸即成。

妈妈备孕叮咛

➡ 海白菜、紫菜等海产品均具备高纤维、低热量的特点，且能清热解毒、软坚散结、利水消肿，适合肥胖、便秘、高血压、高血脂、高血糖者食用。

➡ 海白菜搭配营养完全的鸡蛋，可保证备孕期的营养需求。

鲜蔬牛肉汤

功效

改善虚胖乏力的状况。

材料

牛肉100克，洋葱、土豆、西葫芦各50克，薄荷叶少许。

调料

番茄酱20克，料酒、白糖各10克，生抽、盐各适量。

做法

1 将牛肉切成块，焯水后洗净。

2 土豆去皮，切块；洋葱、西葫芦分别切成块。

3 锅中倒油，烧热，下洋葱煸炒出香味，放入牛肉，加适量水煮沸，放入白糖、料酒和生抽，小火炖煮40分钟，放入土豆、西葫芦和番茄酱，续煮15分钟，加盐调味。

4 盛入汤碗，点缀薄荷叶，即可。

妈妈备孕叮咛

→ 牛肉是补益气血的常用材料，也是各种畜肉中瘦肉率最高的肉。

→ 牛肉搭配土豆、洋葱、西葫芦等新鲜蔬菜，可化解油腻，平衡营养，适合气虚水肿、体虚乏力的肥胖者，常食令人精壮有力，为怀孕打好基础。

温暖子宫易受孕

子宫寒冷是女性不孕以及孕后易流产的重要原因，所以，在饮食上加强对子宫的养护格外重要。尤其是有手脚冰凉、虚寒怕冷、腹冷痛经、月经不调、性欲低下等症状的女性，更应注意暖宫，以提高受孕概率。

一些温性、热性的食物，对暖宫十分有益，如羊肉、鸡肉、生姜、大枣、桂圆、核桃、小茴香、肉桂、栗子、红糖等。

还有部分食物有活血化瘀的作用，并对子宫有一定的刺激，如山楂、玫瑰花、月季花、当归等，可改善月经不调。月经正常了，受孕机会才高。但这类食物一旦受孕就不宜再吃了，以免刺激子宫，不利安胎。

红糖
姜母奶茶

功效

温经暖宫，活血化瘀，祛寒止痛。

材料

红茶5克，姜片10克，牛奶200克，玫瑰花3克。

调料

红糖20克。

做法

1 将红茶、姜片、玫瑰花放入砂锅中，加适量水，煎煮20分钟，滤渣，取300毫升茶汤。

2 把牛奶兑入茶汤，加入红糖，搅匀，分2次饮用。

妈妈备孕叮咛

→ 姜可暖中祛寒，红茶温养脾胃，红糖补血活血，玫瑰花理气通络，牛奶益气养阴。

→ 此茶可温暖子宫，活血化瘀，畅通气血、经脉，适合虚寒宫冷、月经不调、小腹冷痛、痛经的备孕女性饮用。

→ 月经量过多者及已经怀孕者勿饮。

桂圆山楂茶

功效
暖宫祛寒，化瘀止痛。

材料
桂圆肉干10克，山楂干6克，红茶3克。

调料
白糖适量。

做法
1 将所有材料放入杯中，冲入沸水，闷泡20分钟。
2 倒出茶汤，加入白糖饮用。可多次冲泡，频饮。

妈妈备孕叮咛

➡ 桂圆性温，能益心脾、补气血、安神益智，对养护子宫也十分有益，是虚寒宫冷及产后促进子宫修复的常用品。

➡ 红茶可温暖脾胃，促进血液循环及代谢，山楂有活血化瘀、行气止痛的功效，搭配桂圆，可活化子宫气血，改善虚寒冷痛等症状。

➡ 月经量过多者及已经怀孕者勿饮。

桂皮祛寒饮

功效

活血温经，祛寒止痛，暖宫助孕。

材料

桂皮5克，生姜20克，大枣10克。

调料

红糖20克。

做法

1 姜切成片；大枣劈破，去核。

2 将所有材料放入砂锅中，加适量水，煎煮20分钟。

3 滤渣取汤，加入红糖，搅匀后饮用。

 妈妈备孕叮咛

➡ 桂皮能活血通经、祛寒止痛、温暖子宫，姜可暖身，枣能补血，红糖化瘀。

➡ 此茶有很好的暖宫效果，尤宜体质阴寒、腹寒宫冷、手脚冰凉、腰膝冷痛、寒性痛经、闭经、不孕者。

➡ 桂皮性大热，姜、枣也均为温性，凡阴虚火旺、内有实热、有出血倾向、经血量过多者及已经怀孕者均不宜。

阿胶桂圆饮

功效

补血，止血，暖宫，止痛。

材料

阿胶10克，桂圆肉干5克，姜丝10克。

调料

红糖20克。

做法

1 阿胶敲碎成小碎块，桂圆肉干用300毫升水泡软。

2 先把阿胶放入奶锅中，倒入泡桂圆肉干的水，小火熬至融化，再放入桂圆肉、姜丝和红糖，继续炖煮15分钟即成。

妈妈备孕叮咛

→ 阿胶也叫驴皮胶，是补血的常用药，有补血、滋阴、止血的功效，也有一定的安胎作用。

→ 阿胶搭配温阳的姜、暖宫的桂圆、活血的红糖，适合血虚血寒引起的宫冷、女子下血、小腹冷痛者饮用。

→ 阿胶比较黏腻，有碍消化，脾胃虚弱者慎用。

枸杞炖蛋

功效

夫妻同补，提高生殖能力，促进受孕。

材料

鸡蛋1个，枸杞子10粒。

调料

红糖20克。

做法

1 奶锅中放入枸杞子和红糖，加200毫升水，小火煮10分钟。

2 将鸡蛋打入锅中，煮成荷包蛋后倒入汤碗，即成。

妈妈备孕叮咛

→ 鸡蛋营养丰富，且有一定的养子宫、促排卵作用，是备孕者应常吃的食物。

→ 鸡蛋搭配补肝肾、益精血的枸杞子，可增强体质，提高生殖能力，备孕夫妻均宜食用。

→ 荷包蛋、炖煮鸡蛋等形式比煎鸡蛋要好，可避免摄入过多的油脂。

小茴香卤汁花生

功效
散寒止痛，养血和胃。

材料
花生仁200克。

调料
小茴香15克，大料少许，盐适量。

做法
1 将花生仁浸泡2小时，洗净。
2 花生仁放入锅中，加适量水煮沸，放入所有调料，小火煮30分钟即成。

妈妈备孕叮咛

→ 小茴香具有散寒止痛、理气和胃的功效。其特殊的香气适宜与肉类、果仁一起炖煮，达到去腥增香的效果，同时起到暖身的作用。

→ 小茴香搭配补血的花生，适合血虚血寒所致的宫冷、痛经、少腹冷痛、脘腹胀痛、食少吐泻者。

→ 阴虚火旺者少吃。

玫瑰花酱

功效

活血调经，理气止痛，改善不良情绪。

材料

食用鲜玫瑰花500克。

调料

白糖300克，红糖100克，白酒20克，蜂蜜10克。

做法

1 鲜玫瑰花瓣洗净，晾干表面水分。

2 用无水无油的大盆装入花瓣、糖和酒，用戴有一次性手套的双手用力揉搓。

3 当有汁液析出，食材相互融合后，装入干燥洁净的玻璃容器内。

4 将蜂蜜浇在顶部以隔绝空气，冰箱内冷藏发酵三个月方可食用。

妈妈备孕叮咛

→ 玫瑰花性温，有疏肝解郁、活血调经、理气止痛的功效，常用于肝郁气滞所致的肝胃气痛、月经不调、瘀血腹痛等。

→ 此酱尤宜心情郁闷不畅、胸胁胀痛、月经不调、食欲不振、宫寒不孕者。

→ 阴虚火旺者不宜。经血量多及已经怀孕者慎用。

羊肉粥

功效

健脾暖胃，补虚养血，暖宫祛寒，提高性功能。

材料

大米、羊肉各100克，胡萝卜50克，姜片、枸杞子各10克。

调料

盐、胡椒粉各适量。

做法

1 将大米淘洗干净；羊肉切成片；胡萝卜洗净，切成片。

2 锅中放入大米、羊肉片、姜片和适量水，小火煮20分钟。

3 拣出姜片，放入胡萝卜片和枸杞子，续煮15分钟，加盐和胡椒粉调味即成。

妈妈备孕叮咛

→ 羊肉健脾胃，补肾阳，益肾气，可益气补虚，温中暖下，养血强身。

→ 羊肉搭配温中暖胃的姜和益精养血的枸杞子，尤宜腹寒冷痛、血虚宫冷、性欲低下、腰膝酸软、虚劳羸瘦、中虚反胃等虚寒体质的备孕者。

→ 羊肉性偏温热，凡外感时邪或内有宿热者不宜食用，孕妇也不宜多吃。

糖枣核桃糕

功效

养血活血，暖宫祛寒。

材料

低筋面粉200克，大枣100克，核桃仁50克，鸡蛋4个，泡打粉10克。

调料

红糖80克，玉米油70克。

做法

1 将大枣煮熟，取枣肉，捣成枣泥；取一半核桃仁，捣碎。

2 先将枣泥、核桃碎、红糖、鸡蛋混合，搅拌均匀，再筛入低筋面粉和泡打粉，继续搅拌均匀，最后加入玉米油，搅拌成顺滑的面糊。

3 将面糊倒入烤盘，静置5分钟，分散放上完整的另一半核桃仁，把烤盘放入烤箱，设置上下火，170℃，烤40分钟即可出炉，切块装盘。

妈妈备孕叮咛

➡ 大枣健脾养血，补中益气；核桃温阳益肾；红糖活血温经；鸡蛋滋阴养血，营养全面。

➡ 此粥适合备孕女性作为主食或点心常食，尤其适合虚寒怕冷、寒性腹痛腹泻、宫冷所致月经量少、经期推迟、痛经、带下清稀、腰膝酸软者。

➡ 阴虚火旺、内热积滞者不宜多吃。

肥牛洋葱饭

功效
强壮体魄，暖身驱寒，提高性能力。

材料
洋葱150克，肥牛片100克，胡萝卜70克，白米饭适量。

调料
生抽10克，老抽5克，白糖、淀粉、盐各适量。

做法
1 将白米饭盛入碗中，胡萝卜切片，焯水断生后码在米饭上。

2 洋葱去老皮，切成丝；所有调料加少许水，调成味汁。

3 锅中倒入油，烧热，下洋葱丝煸出香味，加入适量水煮沸，放入肥牛片氽熟，倒入味汁炒匀即可出锅。搭配白米饭食用。

妈妈备孕叮咛

➡ 牛肉可健脾胃，补体虚，养气血，特别适合秋冬寒冷季节食用。

➡ 洋葱可刺激食欲，发散风寒，促进血液循环，提高性能力。

➡ 常食此菜可强壮身体，疗补虚弱，尤宜虚寒宫冷、气血不足、体弱乏力、性欲低下者，备孕夫妻同食效果更好。

红烧羊蝎子

功效

驱寒暖中，滋阴壮阳，补钙养血，补虚强身。

材料

羊脊骨500克，姜片15克，干辣椒2个，香葱末少许。

调料

老抽、料酒各20克，大料、草果、花椒各5克，盐适量。

做法

1 将羊脊骨斩成大块，入冷水锅中，煮沸后捞出，洗净。

2 羊脊骨放入锅中，加适量水，水烧开时撇净浮沫，放入姜片、干辣椒和所有调料，改小火，煮2小时。

3 将煮好的羊脊骨盛入汤盆，撒上香葱末，即可。

妈妈备孕叮咛

➜ 羊蝎子就是带里脊肉和脊髓的完整的羊脊椎骨，因其形跟蝎子相似，故而俗称羊蝎子。

➜ 羊蝎子是高蛋白、高钙食物，有滋阴养血、补肾壮阳、益气健脾、暖中驱寒的功效。备孕夫妻共同食用，能增强性欲，提高性能力，增加受孕率。

➜ 血压、血脂偏高者不宜多吃。

子姜牛肉丝

功效
助阳生热，健身补虚。

材料
牛里脊150克，子姜100克，红尖椒30克。

调料
料酒、酱油各10克，淀粉、香油、盐、鸡精各适量。

做法
1 牛里脊洗净，切丝，用料酒、酱油、淀粉抓匀，腌浸15分钟；子姜、红尖椒分别切丝。

2 锅中倒油，烧热，下姜丝炒出香味，放入牛肉丝，炒至变色，放入红尖椒丝，加盐、鸡精调味，淋香油后出锅。

妈妈备孕叮咛

→ 牛肉健脾益气、养血补虚、补钙壮骨，姜可助阳生热、温中散寒、促进代谢和血液循环。

→ 此菜适合虚寒体质者常食，可改善手脚冰凉、虚寒腹痛、腹泻、呕吐食少、宫冷血虚、疲惫乏力等症状。备孕夫妻共同食用效果更佳。

→ 阴虚内热、阳亢火旺者不宜多吃。

乌鸡汤

功效

补虚劳，养气血，调月经。

材料

乌鸡500克，生姜片、枸杞子各15克。

调料

料酒、盐各适量。

做法

1 将乌鸡剁块，冷水下锅，煮开后捞出，洗净。

2 砂锅中放入乌鸡块和适量水烧开，撇去浮沫，放入生姜片、枸杞子和料酒，改小火，煮1小时，加盐调味，即可。

妈妈备孕叮咛

→ 乌鸡也叫乌骨鸡，因其骨、肉俱黑而得名。乌鸡肉的营养成分普遍高于普通鸡肉，常用于补虚劳、养气血，尤宜气血亏损、月经不调的女性调养。

→ 此菜益精补血，疗补虚损，如有宫冷不孕、月经紊乱、虚寒乏力、贫血苍白者宜多吃。

生姜当归 胡萝卜汤

功效
养血活血，调经止痛。

材料
当归、生姜各10克，胡萝卜 100克。

调料
蜂蜜适量。

做法
1 当归冷水浸泡1小时，生姜切 片，胡萝卜切块。

2 将所有材料放入锅中，加适量 水，煮30分钟，盛入汤碗。

3 晾温后加适量蜂蜜，即可。

妈妈备孕叮咛

➜ 当归是补血圣药，有补血活血、调经止 痛的功效，常用于血虚所致的贫血、宫 冷、月经不调、虚寒腹痛，尤宜女性调 养。

➜ 当归搭配暖胃助阳的生姜和调补阴血的 胡萝卜，可增强补益功效。

➜ 湿阻中满、大便溏泻者慎用当归。

➜ 当归活血性强，已经怀孕者慎用。

暖宫五红汤

功效

养血补血，活血化瘀，改善虚寒宫冷的症状。

材料

赤小豆30克，花生、大枣、枸杞子各10克。

调料

红糖适量。

做法

1 先将赤小豆洗净后放入煮锅中，加适量水，小火煮40分钟，再放入花生、大枣、枸杞子，续煮30分钟，至豆烂、汤浓即可盛入碗中。

2 加适量红糖，搅匀后食用。

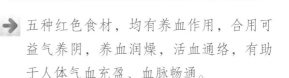

妈妈备孕叮咛

→ 五种红色食材，均有养血作用，合用可益气养阴，养血润燥，活血通络，有助于人体气血充盈、血脉畅通。

→ 此汤特别适合有血虚、血寒、血瘀等问题的女性调养。"女子以血为本"，把血养好，虚寒宫冷症状就会有所改善，从而增加受孕的机会。

愉悦心情更有爱

对夫妻双方来说，受孕这件事不仅取决于身体状况，心理状态的好坏也对其有非常大的影响。

尤其是对于女性，如果长期处于紧张、郁闷、烦躁等不良精神状态，一方面会影响内分泌，造成月经紊乱、排卵功能异常，另一方面会影响夫妻关系，造成性欲低下。而这些都是不易受孕的原因。

所以，准备怀孕的话，就要身体和心情同时调养，在保证身体强壮的同时，确保心情愉悦、夫妻和睦，让感情升温，爱的结晶才会到来。

在饮食方面，多吃些理气解郁、活血通络、生津润燥的食物，有利于调畅情绪。此外，一些高热量的甜品也有助于缓解不适、提振性欲，如巧克力、蜂蜜、糖果等，备孕夫妻不妨常吃。

薄荷柠檬饮

功效
消除烦闷，行气解郁。

材料
鲜薄荷5克，鲜柠檬2片。

调料
蜂蜜适量。

做法
1 将鲜薄荷洗净，择成小片，和鲜柠檬片一起放入杯中，倒入温水，浸泡30分钟。
2 加入适量蜂蜜，搅匀即可饮用。

妈妈备孕叮咛

➔ 薄荷有宣发作用，可发散郁闷之气，除烦，止头痛。柠檬理气解毒，生津止渴。蜂蜜可润燥除烦。

➔ 心情不佳、胸烦头胀时饮此茶，能清醒头脑，提振精神，愉悦身心，消解烦闷，行气解郁。

➔ 为了不破坏蜂蜜的营养物质，应待饮品温热后再添加蜂蜜。

茉莉花
百香果饮

功效
理气开郁，宁心安神。

材料
百香果2个，茉莉花5克。

调料
白糖适量。

做法

1 茉莉花放入茶壶，冲入沸水，闷泡20分钟，晾温。

2 百香果取瓤，放入杯中，倒入茉莉花茶水，加入白糖，搅匀后即可饮用。

妈妈备孕叮咛

➡ 茉莉花有理气、开郁、辟秽、和中的功效，"解胸中一切陈腐之气"。

➡ 百香果也叫鸡蛋果，被称为"天然镇定剂"，有安神、宁心、和血、止痛的功效，是防治失眠的良药。

➡ 此饮适合情绪烦闷、心胸不畅、食欲不振、失眠、焦虑紧张、头痛眩晕者饮用。

金橘雪梨甜汤

功效

理气解郁，生津润燥，清热除烦。

材料

梨100克，金橘50克，干银耳2克。

调料

冰糖适量。

做法

1 将梨去皮、核，切成块；干银耳泡发后洗净；金橘切片。

2 锅中放入银耳，加适量水，小火煮40分钟，放入梨块和冰糖，续煮20分钟。

3 出锅后放入金橘片，即可。

妈妈备孕叮咛

➡ 金橘可行气解郁，健脾开胃。梨可生津止渴，清热除烦。银耳可滋阴润燥，净肠排毒。

➡ 此汤适合心情郁闷、烦躁易怒、口干口渴、咽喉肿痛、大便燥结、失眠、燥热咳喘者常饮。

蜂蜜
山楂梨丝

功效
改善气滞、烦闷、燥渴、腹胀、食少、便秘等症状。

材料
梨200克，果丹皮50克，桂花少许。

调料
蜂蜜适量。

做法
1 将梨去皮、核，切成丝，果丹皮切丝，混合均匀后装盘。

2 将桂花和蜂蜜调拌均匀后浇在梨丝上，吃时拌匀即可。

妈妈备孕叮咛

→ 果丹皮是用山楂加白糖制成的卷，酸甜可口，可开胃消食、活血通络。梨能生津止渴，清热除烦。

→ 此菜适合口渴心烦、气滞腹胀、食欲不振、消化不良、大便燥结者常食。

→ 山楂有活血作用，已经怀孕者不宜多吃。

棉花糖
热巧克力

功效

令人精力充沛、心情愉悦、性欲旺盛。

材料

牛奶200克，可可粉8克，棉花糖3个。

调料

焦糖酱少许。

做法

1 牛奶倒入杯中，放入微波炉，高火加热30秒后取出，加入一半可可粉，搅拌均匀。

2 放入三个棉花糖后再用微波炉加热20秒，取出。

3 浇上焦糖酱，撒上另一半可可粉，即成。

妈妈备孕叮咛

→ 巧克力是情人节的常见礼物，正是由于它含有令人兴奋的可可碱，能提振性欲，有"助性"作用。棉花糖甜蜜的口感令人心情愉悦。

→ 高热量、高糖的食物让人精力旺盛、体力充沛、精神愉快，在这样的状态下，性爱质量更高，更容易受孕。

草莓巧克力

功效

怡情助性，愉悦身心。

材料

草莓200克，巧克力100克，装饰糖适量，牙签适量。

做法

1 草莓去蒂，洗净，晾干水分，把牙签插在草莓底部做棒儿。

2 巧克力切成细碎，隔水加热成顺滑液体状。

3 把草莓快速蘸取巧克力溶液后，撒上装饰糖，晾干，即可食用。

妈妈备孕叮咛

→ 巧克力有提高性欲的"助性"作用，草莓所含的维生素和微量元素特别丰富。

→ 这道甜点不仅营养丰富，热量充足，口感甜美，还通过巧妙的造型装饰，打造出甜蜜的氛围，让人精神愉悦、爱意浓浓。

芦笋煎蛋

功效

加强营养，营造浪漫。

材料

芦笋100克，鸡蛋2个，面粉10克。

调料

盐适量。

做法

1 芦笋洗净，焯断生后捞出，切成竹叶和竹竿造型。

2 鸡蛋加入面粉和盐，搅拌成稀面糊。

3 平底锅抹少许油，摆入芦笋，做好竹子造型，将稀面糊缓缓倒入锅中，静置2分钟后上火，小火煎熟即可。

妈妈备孕叮咛

➜ 芦笋含有丰富的维生素A、叶酸以及硒、铁、锰、锌等元素。鸡蛋是全蛋白食物，营养充足又均衡。

➜ 此菜适合备孕夫妻共同食用，可增强营养，提高孕育质量。

➜ 此菜的造型是一大特色，"月光中的凤尾竹"，营造出浪漫柔和的气氛，夫妻感情也会升温吧！

酸辣粉

功效

酸爽可口，提振食欲，愉悦心情。

材料

粉丝100克，熟花生、榨菜、香菜末各适量。

调料

郫县豆瓣辣酱、醋各10克，生抽5克。

做法

1 锅内放底油，烧热，放入郫县豆瓣酱炒出红油，加入适量清水煮开，放入粉丝煮软，待汤汁浓稠时加醋、生抽调味后盛入盘中。

2 熟花生和榨菜都剁碎，和香菜末一起撒在粉丝上，吃时搅拌均匀即可。

妈妈备孕叮咛

➡ 适度食辣可以调节心情。经科学家研究，人在食用辣椒的时候，味觉会联动大脑，产生愉悦、爽快的感觉。

➡ 如果有心情抑郁不畅、食欲不振的状况时，多吃些酸辣粉，可以刺激肠胃多进食，适度发汗解郁闷。

玫瑰水煎包

功效
营造浪漫，融洽感情。

材料
低筋面粉200克，菠菜汁、火龙果汁各适量，泡打粉1克，猪肉馅250克，大葱100克。

调料
生抽10克，香油、五香粉各5克，盐适量。

做法
1 将大葱剁碎后放入猪肉馅中，加各调料，搅拌成馅料。

2 低筋面粉与泡打粉混合后分成2份，分别用菠菜汁、火龙果汁和成面团，都擀成饺子皮。

3 用4个饺子皮为一组，错位叠放成一排，放上馅料，先把皮对折，再从一头卷到另一头，制成玫瑰花型煎包生坯。

4 平锅倒入油，烧热，码入煎包生坯，加适量水，盖盖，小火煎15分钟，即可。

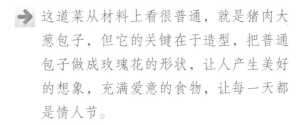

妈妈备孕叮咛

→ 这道菜从材料上看很普通，就是猪肉大葱包子，但它的关键在于造型，把普通包子做成玫瑰花的形状，让人产生美好的想象，充满爱意的食物，让每一天都是情人节。

橙香煎鸭胸

功效

凉补气血，缓解燥热，行气开胃。

材料

鸭胸肉150克，橙子1个。

调料

料酒、盐、玉米淀粉各适量。

做法

1 将鸭胸肉划网格花刀，用料酒、盐抓匀，静置30分钟。

2 平锅上火烧热，把鸭胸肉皮向下放入锅中，煎至金黄取出。

3 将鸭胸肉放入烤箱，设置上下火，210℃，烤制20分钟，取出后装盘。

4 橙子取肉榨汁后加入适量盐，倒入锅中烧开，用淀粉勾芡至浓稠后浇在鸭胸上，即成。

妈妈备孕叮咛

➔ 鸭肉有健脾补虚、清热消肿、止咳化痰等作用。橙子可促进消化，理气化滞。

➔ 鸭肉偏于凉补，此菜尤宜体热劳倦、烦躁胸闷、虚热烦渴、食欲不振、气滞腹胀、大便干燥、水肿、上火者食用。

➔ 体质虚寒、脘腹冷痛、腹泻者不宜多食。

叁

爸爸调养好，
宝宝健康质量高

补肾益精助阳气

男性想要孩子，首先要戒除不良嗜好，如抽烟、酗酒等，以免影响精子质量。此外，还要注意在饮食中加强补肾，多吃益气助阳、补阴填精的食物，让身体元气满满、精力充沛，性功能及精子质量均会有所提高。

日常饮食可多吃些羊肉、牛肉、羊腰、猪腰、鹌鹑肉、鸽子肉、虾、海参、牡蛎、墨鱼、鱿鱼、鳝鱼、甲鱼、山药、莲子、芡实、香椿、韭菜、栗子、核桃、黑芝麻、桑椹、西洋参、枸杞子、五味子等食物，对男性益精助阳十分有益。

洋参枣杞茶

功效

补益精气，滋阴养血，缓解疲劳，提高免疫力。

材料

西洋参饮片3克，大枣15克，枸杞子10克。

调料

冰糖适量。

做法

1 将大枣劈破，去核，取枣肉。

2 将西洋参饮片、枸杞子、大枣肉和冰糖一起放入杯中，冲入沸水，加盖闷泡15分钟后即可饮用。

3 可多次冲泡，频饮。

爸爸备孕叮咛

→ 西洋参又叫花旗参，有凉补气血、养阴清热的功效，适合虚热者补益。枸杞子能滋补肝肾，生精补髓。大枣健脾益气，养血安神。

→ 此茶适合长期疲劳、神疲倦怠、体虚乏力、失眠多梦、遗精滑泄、免疫力差者常饮。

→ 湿盛中满、外邪实热者不宜服。

五味子枸杞甜汤

功效

缓解神疲劳倦，提高性能力，促进生育。

材料

五味子5克，枸杞子10克。

调料

蜂蜜适量。

做法

1 砂锅中放入五味子和枸杞子，加适量水，小火煮20分钟。

2 滤渣，取汤汁，倒入碗中，晾至室温后加入蜂蜜饮用。

爸爸备孕叮咛

→ 五味子收敛固涩的作用较强，有补肾涩精、止遗止泻、止咳止汗、宁神安眠的功效。《神农本草经》说它"补不足，强阴，益男子精"。

→ 五味子与枸杞子合用，可增强补肾益精的作用，缓解神疲劳倦，提高男子性能力和精子质量，促进生育。

→ 外有表邪、内有实热者不宜食用。

桑椹苹果汁

功效
益肾固精，养阴清火。

材料
鲜桑椹、苹果各100克，柠檬半个。

调料
白糖适量。

做法
1 桑椹去蒂，洗净，苹果去皮、核，洗净，切块，都放入搅拌机，加适量清水，打成果汁。
2 把果汁倒入杯中，挤入柠檬汁，加入白糖，即可饮用。

爸爸备孕叮咛

→ 桑椹有滋补肝肾、养血润燥、生津止渴的功效，尤其适合阴虚内热者调养。《滇南本草》说它"益肾脏而固精"。

→ 鲜桑椹常作为水果食用，搭配苹果、柠檬等其他水果，可起到凉血滋阴、清虚火、生津液的作用，尤宜内热烦渴、消化不良、大便燥结、遗精、盗汗、早衰者食用。

→ 桑椹性寒，脾虚便溏、腹泻者少吃。

补肾米糊

功效
补肾壮阳，滋阴润燥，益精养血。

材料
黑豆、黑芝麻、紫米、核桃仁各250克，大枣肉适量。

调料
白糖适量。

做法
1 将黑豆、黑芝麻、紫米、核桃仁分别炒熟，共研成粉，装入广口瓶中保存。

2 每次取30克，加入白糖，冲入温水，调成糊状，放入大枣肉，即成。

爸爸备孕叮咛

→ 黑芝麻是益精养血的佳品，且有补钙壮骨、润燥通肠的作用。核桃仁可温补肾阳、强健筋骨。黑豆、紫米等黑色食材均有补肾作用。大枣可健脾养血。

→ 此糊助肾阳，滋肾阴，是阴阳气血同补的滋养品，男性常食，精力更旺盛，尤宜肾虚精亏、阳痿、遗精、筋骨疼痛、腰膝酸软、早衰者调养。

→ 大便溏泻者不宜多吃。

冰糖莲子羹

功效

健脾益肾，固精止遗，止泻。

材料

莲子100克，水发银耳50克，大枣30克。

调料

冰糖适量。

做法

1 锅中放入莲子、银耳和适量水，小火煮1小时。
2 再放入大枣和冰糖，续煮30分钟，至莲子软烂，汤汁浓稠，即成。

爸爸备孕叮咛

➜ 莲子具有益肾涩精、补脾止泻、养心安神的功效，常用于脾虚泄泻、男子遗精、心悸失眠等。

➜ 莲子搭配健脾养血的大枣和滋阴润燥的银耳，适合体虚乏力、食欲不振、遗精、滑精、腹泻、失眠者，男女皆宜。

➜ 烘干后的莲子呈淡黄色，请避免购买硫黄熏蒸"美白"后的干制品。

➜ 中满腹胀者不宜多吃。

虫草花蚝粥

功效
补肾益精，提高性能力。

材料
大米100克，生蚝肉70克，虫草花30克，香葱末适量。

调料
胡椒粉、盐各适量。

做法
1 大米淘洗干净；虫草花和生蚝肉分别洗净。
2 锅中倒入大米，加适量水，煮至粥成。
3 放入虫草花和生蚝肉，搅匀，再煮沸时加胡椒粉、盐调味，盛入碗中，撒上香葱末即成。

爸爸备孕叮咛

➡ 生蚝也叫牡蛎、海蛎子，它富含蛋白质、锌、钙、铁及不饱和脂肪酸。其中锌含量极高，有助于改善男性性功能。

➡ 虫草花是一种以小麦或蚕蛹等为培养基的真菌食物，与蘑菇相似。它不仅蛋白质含量高，还富含微量元素，是能补肾强腰、提高免疫力的滋补品。

➡ 此粥补肾益精，尤宜男性食用。

虫草花是一种菌类，不是冬虫夏草。

板栗核桃粥

功效

温补肾阳，补肾强腰，强筋壮骨。

材料

核桃仁、板栗仁各50克，大米100克，芸豆20克。

调料

白糖适量。

做法

1 将芸豆提前泡发；大米淘洗干净；核桃仁、板栗仁捣碎。

2 锅中放入大米和芸豆，加适量水，煮30分钟，放入核桃仁、板栗仁，续煮15分钟。

3 盛入碗中，调入白糖，即可。

爸爸备孕叮咛

→ 板栗有"干果之王"的美誉，营养非常丰富，有补肾健脾、益气健身、强筋壮骨等功效，又被称为"肾之果"。

→ 板栗搭配温补肾阳的核桃仁，适合肾虚腰痛、腰膝酸软、神疲乏力、阳痿、遗精者食用。

→ 板栗多食易滞气，核桃仁多食易上火增肥，故气滞胀满、阴虚火旺、肥胖多脂者不宜多吃。

黑芝麻馒头

功效
补益肝肾，益精养血。

材料
面粉500克，黑芝麻50克，酵母2克，牛奶250克左右。

调料
白糖适量。

做法
1 黑芝麻在平底锅中炒香，研成粉。

2 将面粉倒入面盆，放入黑芝麻粉、白糖和酵母，拌匀，倒入牛奶和适量水，和成面团，静置饧发。

3 将饧发的面团分剂后揉成馒头生坯，码入笼屉。

4 笼屉冷水上锅，大火蒸20分钟，即成。

爸爸备孕叮咛

➡ 中医理论中，黑色食物多归肾经，有补肾益精的功效。黑芝麻就是黑色食物的代表，常食可补肝肾、益精血、壮骨骼、润肠燥、抗衰老。

➡ 备孕夫妻共同食用，对男女双方均有良好的补益作用。

海参捞饭

功效

补肾益精，壮阳疗痿。

材料

水发海参 1 个，西蓝花 100 克，葱段、姜片各 20 克，米饭适量。

调料

料酒10克，酱油、蚝油、淀粉各适量。

做法

1 西蓝花择成小朵，洗净，焯水断生后和米饭一起装盘。

2 锅中倒入油，烧热，下葱段、姜片，炒出香味，倒入酱油和适量水烧开，放入海参、料酒，小火煮20分钟。

3 拣出葱、姜，放入蚝油，大火收汁，勾芡后装盘，即成。

爸爸备孕叮咛

→ 海参也叫刺参，可补肾壮阳，益精填髓，其补益效果足敌人参，故名海参，自古就是名贵的滋补品。

→ 常食海参捞饭，可缓解体虚劳倦，让人精力充足，性功能旺盛。尤宜肾虚体弱、腰痛、阳痿、疲惫乏力者食用。

韭菜盒子

功效
补肾助阳，滋阴养血，温中补虚。

材料
面粉250克，韭菜200克，鸡蛋3个，虾皮适量。

调料
酱油、盐各适量。

做法
1 面粉加入适量水，和成面团，静置39分钟。

2 鸡蛋炒熟，剁成碎粒；韭菜择洗干净，切段，都放入调理盆，放入虾皮和调料，搅拌成馅料。

3 用面团擀制的盒子面皮，包裹馅料，制成盒子生坯。

4 平锅上火，倒入少许油，放入盒子生坯，用小火，两面烙熟，即成。

爸爸备孕叮咛

➡ 韭菜有"起阳草、壮阳草"之称，有补肾助阳、固精、健脾、通肠等作用。

➡ 韭菜搭配滋阴养血的鸡蛋，可助阳气，养阴血，温中补虚，提振性欲，尤宜虚寒冷痛、肾虚阳痿、遗精、食欲不振、大便燥结者食用。

➡ 阴虚内热及疮疡、目疾患者不宜多吃韭菜。

芡实香芋煲

功效

补益气血，益肾固精，止遗止泻。

材料

芡实30克，芋头150克，胡萝卜50克，牛奶50克。

调料

淀粉、白糖、盐各适量。

做法

1 芡实浸泡一夜；芋头、胡萝卜分别去皮，洗净，切成丁。

2 锅中放入芡实和适量水，小火煮30分钟，放入芋头丁、胡萝卜丁、白糖和盐，续煮15分钟，用牛奶调淀粉，倒入锅中勾芡，即成。

爸爸备孕叮咛

→ 芡实具有益肾固精、健脾除湿、止遗止泻的功效。

→ 芋头健脾，胡萝卜养血，牛奶滋阴，搭配芡实，可补益五脏，益气固精，尤宜体乏劳倦、气血亏虚、遗精、滑精、脾虚久泻者食用。

→ 芡实较硬，在烹煮前需充分浸泡，才可获得软糯的口感。

→ 此菜易腹胀滞气，不要一次吃太多。

爸爸备孕叮咛

→ 墨鱼也叫墨斗鱼、乌贼鱼，有养血滋阴的功效。男性食用可滋肝肾，补血脉，去热保精，女性食用可治血虚经闭、崩漏、带下。

→ 墨鱼搭配畜禽肉类，蛋白质更完整，营养更丰富，可增强补益气血、强壮体魄的作用。夫妻共同食用，有利于备孕。

烩墨鱼糕

功效

益肾保精，补肝养血，增强营养。

材料

墨鱼肉500克，鸡胸肉100克，鸡蛋清、生粉各50克，青豌豆、鲜香菇、小番茄各适量。

调料

盐、胡椒粉各适量。

做法

1 香菇、小番茄分别切成片。

2 将墨鱼肉、鸡胸肉分别洗净，都放入搅拌机，打成混合泥，倒入调理盆中，加入鸡蛋清和生粉，用力搅拌均匀。

3 用勺子挖适量墨鱼和鸡肉的混合肉泥入开水锅中，做成大丸子，捞出，切成4瓣，即成墨鱼糕，备用。

4 锅中加水煮沸，放入墨鱼糕、香菇、青豌豆，煮5分钟，加盐、胡椒粉调味，勾芡后盛入汤碗，码上番茄片，即成。

干贝小包菜

功效

健脾开胃，补肾强身，提高精子质量。

材料

小包菜300克，干贝20克，葱花少许。

调料

生抽、盐各适量。

做法

1 干贝用温水浸泡后，撕成细丝；小包菜洗净，入开水锅中，焯烫断生。

2 锅中倒入油，烧热，下葱花炝锅，放入小包菜和干贝丝，略炒，加生抽和盐调味，即成。

爸爸备孕叮咛

→ 干贝是扇贝的干制品，具有滋阴补肾、和胃调中的功效。干贝富含蛋白质及钙、磷、铁、锌等多种营养成分，对提高精子质量十分有益。

→ 干贝搭配清热养胃的圆白菜，可健脾开胃、补肾强身，尤宜肾虚精亏、食欲不振、胃痛食少者常食。

→ 干贝味道极鲜，烹调时少放调料。与鲜扇贝相比，干贝腥味大减，接受度更高。

香椿拌豆腐

功效
益气补虚，补肾固精，助孕。

材料
香椿150克，豆腐200克，洋葱末、干辣椒段各适量。

调料
盐适量。

做法
1 香椿择洗干净，切段，在开水中焯烫断生，沥水。
2 豆腐切块，在开水中焯烫2分钟，沥水。
3 将香椿段和豆腐块放入大碗，撒上盐。
4 锅中倒入油，烧热，放入洋葱末、干辣椒，炸出香味后浇在香椿上，即成。

爸爸备孕叮咛

➡ 香椿有补虚壮阳、补肾固精、行气健胃等作用，其中含维生素E和性激素物质，对不孕不育症有一定疗效，故有"助孕素"之称。备孕夫妻不妨多吃。

➡ 香椿搭配益气养血的豆腐，营养更充足，尤宜肾虚腰痛、阳痿遗精、腰膝冷痛者食用。

➡ 每年春季谷雨前后的香椿食用最佳。

➡ 香椿为发物，有宿疾者慎食。

虾仁玉米

功效

补虚助阳，补充精力，提高孕育质量。

材料

虾仁200克，玉米粒、胡萝卜各50克，葱花少许。

调料

盐、水淀粉各适量。

做法

1 虾仁去虾线洗净，焯水断生；胡萝卜切丁，和玉米粒一起煮熟，沥水，备用。

2 锅中倒入油，烧热，下葱花炝锅，放入虾仁、玉米粒、胡萝卜丁，快速翻炒，加盐调味，勾芡后即可出锅。

爸爸备孕叮咛

→ 虾味甘、性微温，入肝、肾经。虾仁有补肾助阳、养血固精、化瘀解毒、益气通络等功效。

→ 虾仁搭配健脾益气、养血润燥的玉米、胡萝卜，可补虚助阳，缓解疲劳，促进食欲，提高性功能，补充多种维生素和微量元素，提高孕育质量。

→ 过敏体质者一次不要吃太多虾。

手抓羊排

功效

助元阳，补肾阴，健体魄，增性欲。

材料

羊排500克，葱段、姜片、蒜片各20克，葱丝适量。

调料

料酒20克，花椒、盐、白胡椒粉各适量。

做法

1 羊排切大块，冷水下锅，煮沸后捞出，洗净；把胡椒粉和盐混合，制成蘸料。

2 锅中放入羊排，加适量水烧开，撇净浮沫，倒入料酒，放入葱段、姜片、蒜片和花椒，炖煮1小时，盛出，装盘，撒上葱丝。配蘸料食用。

爸爸备孕叮咛

→ 羊肉性温，能御风寒、补体虚、助元阳、益精血，尤宜男性肾虚腰疼、阳痿精衰、形瘦怕冷、腹部冷痛、腰膝酸软、营养不良等脾肾虚弱者补益。

→ 大葱也有助阳补阴的作用，搭配羊肉，可刺激性欲，提振性功能。

→ 此菜温热补益，最宜冬季食用，暑热天不宜多吃。

→ 发热、上火等热性病者慎食此菜。

麻油腰花

功效
补肾壮阳，生精益血。

材料
羊腰200克，香葱末适量。

调料
料酒15克，生抽、麻椒油、盐各适量。

做法
1 羊腰去臊腺，洗净，切成腰花，用料酒抓匀，入开水锅中，氽烫熟，捞出，沥水。
2 腰花码放盘中，加入生抽、盐、麻椒油，撒上香葱末，浇上热油，烫出香味，即成。

爸爸备孕叮咛

➡ 羊腰是羊的肾脏。中医有"以脏补脏"的说法，认为食用动物肾脏可补益人的肾脏，有生精益血、壮阳补肾的功效。

➡ 此菜适合备孕夫妻同食，尤宜肾虚阳痿、早泄、遗精、劳倦腰痛、腰膝酸软的男性食用。

➡ 动物内脏胆固醇含量较高，高血脂者不宜多吃。

泥鳅豆腐汤

功效

补中气，养肾精，壮肾阳，通血脉。

材料

泥鳅、豆腐各300克，葱段、姜片、香葱末各适量。

调料

料酒15克，盐、胡椒粉各适量。

做法

1 泥鳅收拾干净，切成两段；豆腐切块。

2 锅中倒油，烧热，下葱段、姜片，炒出香味，放入泥鳅，煸炒至变色，烹入料酒，加水煮沸，放入豆腐，中火炖煮至汤色浓白，加盐、胡椒粉调味后盛入汤碗，撒上香葱末，即成。

爸爸备孕叮咛

→ 泥鳅被认为是有利于优生优育的食材。现代研究发现，其富含的亚精胺是精子的主要成分，还有一些活性成分有利于胚胎发育及提高精子质量。

→ 中医也认为，泥鳅可补中益气，养肾生精，提高性功能。男性常食泥鳅可滋补强身，也适合心血管疾病、肝病、糖尿病患者调养。

红烧鳝鱼

功效
补中益血，补益虚损。

材料
鳝鱼500克，大蒜30克，香葱末少许。

调料
料酒、酱油各15克，辣椒酱、盐各适量。

做法
1 鳝鱼收拾干净，切成段；大蒜去皮，洗净。
2 锅中倒入油，烧热，放入大蒜，炒至变黄色，加辣椒酱炒香，放入鳝鱼段，煸炒2分钟，烹入料酒，加酱油和适量水，中火烧煮10分钟，加盐调味后盛入汤碗，撒上香葱末，即成。

爸爸备孕叮咛

→ 鳝鱼也叫黄鳝，营养价值高，蛋白质及微量元素含量丰富，能补气血、强筋骨、除风湿，尤宜气虚不足、体倦乏力、肢体酸痛、腰脚无力、头晕眼花者，劳倦虚损、精力不足的男性多吃。

→ 小暑前后的鳝鱼最为肥美，民间有"小暑黄鳝赛人参"的说法。

→ 鳝鱼易动风，有宿疾、虚热者慎食。

→ 吃鳝鱼最好现杀现烹，死鳝鱼不宜食用。

爆炒鱿鱼卷

功效
滋阴壮阳，补钙养血，补虚强身。

材料
鱿鱼500克，韭菜100克。

调料
生抽、花椒、盐各适量。

做法
1 鱿鱼收拾干净，切花刀后改刀切块，入开水锅中，汆烫定形；韭菜择洗干净，切成段。

2 锅中放入底油，下花椒炒出香味，拣去花椒，放入鱿鱼卷和韭菜段，快速翻炒至断生，加生抽和盐调味，即可。

爸爸备孕叮咛

→ 鱿鱼也叫枪乌贼，富含蛋白质、钙、磷、铁、钾、硒、碘、锰、铜等营养素，有利于滋阴养血、补钙壮骨、缓解疲劳。

→ 鱿鱼搭配益肾助阳的韭菜，适合疲惫精亏、肾虚阳痿、贫血、缺钙、营养不良、免疫力差者常食。

→ 鱿鱼、韭菜均为发物，患有湿疹、荨麻疹等疾病者慎食。

孜然烤猪手

功效

补虚弱，填肾精，健腰膝。

材料

猪蹄1只，葱段、姜片、蒜片各
适量。

调料

料酒、酱油各20克，白糖、
盐、辣椒粉、孜然粉各适量。

做法

1 将猪蹄剁成块，冷水下锅，煮
开后捞出，洗净。

2 猪蹄放入高压锅，倒入水没过
猪蹄，加葱段、姜片、蒜片、
料酒、酱油、白糖、盐，炖煮
1小时。

3 将猪蹄沥干汤汁后码烤盘，放
入预热的烤箱，200℃，烤15
分钟，取出，装盘，撒上孜然
粉和辣椒粉即可食用。

爸爸备孕叮咛

➡ 猪蹄又叫猪手、猪脚。一般猪手（前
蹄）肉多骨少，适合吃肉；猪脚（后
蹄）肉少骨稍多，适合煮汤。

➡ 《随息居饮食谱》中说："猪蹄能填肾精
而健腰脚，滋胃液以滑皮肤，长肌肉可
愈漏疡，助血脉能充乳汁，较肉大补。"

➡ 此菜适合备孕夫妻一起食用，尤宜血虚
精亏、体虚乏力者补益。

➡ 猪蹄高胆固醇、高脂肪，三高患者慎食。

补充蛋白更健壮

蛋白质是构成精子的主要成分，也是使人强壮有力、精力充沛的能量来源之一。男性备孕者要特别注重补充蛋白质，尤其要加强补充优质蛋白。

动物肉类、蛋类、乳类及乳制品所含的动物性蛋白是最容易被人体吸收、利用率最高的优质蛋白质，在饮食中不可缺少。在植物性食物中，豆类及豆制品、菌类、坚果类的蛋白质含量丰富。如果动物蛋白和植物蛋白混合食用，可起到氨基酸互补的作用，提高蛋白质的利用率，补益效果更好。

紫薯豆奶羹

功效

补充蛋白质、钙等营养，使人精力充沛，身体强壮。

材料

豆浆、牛奶各100克，紫薯50克，花生仁、甜杏仁、蔓越莓干各适量。

调料

白糖适量。

做法

1 紫薯去皮，切小块，蒸熟；花生仁、甜杏仁捣碎。

2 将紫薯放入搅拌机，倒入豆浆、牛奶，搅打成糊状。

3 将豆奶糊倒入杯中，放入白糖，搅拌均匀，撒上花生仁碎、甜杏仁碎、蔓越莓干，即可食用。

爸爸备孕叮咛

→ 豆浆、牛奶、坚果都是高蛋白、高钙的食物，一起食用，蛋白质的互补作用强，营养价值更高。

→ 紫薯除了含淀粉外，还富含硒、花青素等抗氧化成分，可提高人体免疫力。

→ 此羹吃多了容易胀气，脾胃湿阻、气滞食积者慎食。

椰蓉牛奶小方

功效
高蛋白、高钙、高热量，缓解疲劳，补充体力。

材料
牛奶400克，奶粉10克，椰蓉适量。

调料
白糖50克，玉米淀粉50克。

做法
1 锅中倒入牛奶，依次放入奶粉、玉米淀粉、白糖，搅拌均匀，小火慢慢加热，并不停搅拌，成为黏稠的面糊，将其倒入容器，晾凉后放入冰箱，冷藏1小时。

2 待冷却成形后取出，切成小块，粘裹上椰蓉，即可食用。

爸爸备孕叮咛

➡ 牛奶及各种乳制品均富含乳蛋白，是优质蛋白质的重要来源。

➡ 将牛奶与高淀粉食物搭配制作而成小点心，便于储存和携带，是外出时以及疲乏劳倦时，及时补充热量和营养的好方法。

香酥鹰嘴豆

功效

健脾益气，补充植物蛋白的首选。

材料

鹰嘴豆300克。

调料

色拉油、盐各适量。

做法

1 鹰嘴豆在清水中浸泡一夜，沥干水分后放入冰箱，冷冻3小时以上。

2 取出鹰嘴豆放入锅中，加适量水，煮20分钟后沥干水分。

3 将鹰嘴豆放入烤盘，倒入适量色拉油，拌匀后放入预热的烤箱，设置180℃，烤15分钟左右取出，用盐拌匀，即可。

爸爸备孕叮咛

→ 豆类是植物类食物中蛋白质含量最高的，有"素肉"之称，且富含维生素和微量元素，营养价值很高。

→ 鹰嘴豆因其面形奇特，尖如鹰嘴，故而得名。研究表明，其蛋白质的生物利用价值和消化吸收率均高于一般豆类。

→ 制作完成的豆子，放至室温后才会酥脆。

→ 豆类食材不要食用过量，以免出现腹部胀气和消化不良。

剁椒太阳蛋

功效
补充营养，促进孕育。

材料
鸡蛋3个，青椒50克。

调料
生抽、剁椒酱各适量。

做法
1 青椒去蒂、籽，洗净，切块。
2 平锅上火，倒入少许油，打入鸡蛋，保持完整形状，煎熟。
3 锅中倒入油，烧热，下剁椒酱煸炒出香味，放入煎鸡蛋和青椒块，加生抽和少量水，翻炒均匀，即可出锅。

爸爸备孕叮咛

→ 鸡蛋是补充优质蛋白质的最佳材料。因其蛋白质组成非常完整，包含人体必需的所有氨基酸种类，其比例很适合人体生理需要，易被人体吸收，蛋白质利用率高达98%以上，营养价值很高。

→ 备孕夫妻均宜多吃鸡蛋，每天至少1个鸡蛋，可变换花样食用，以促进孕育。

→ 鸡蛋黄的胆固醇含量较高，血脂偏高者不宜多吃。

虎皮鹌鹑蛋

功效

补充营养，强身健体。

材料

鹌鹑蛋250克，蒜蓉、香葱末各适量。

调料

生抽、剁椒酱各适量。

做法

1 鹌鹑蛋煮熟，剥去皮，放油锅中煎炸至外皮起泡。

2 锅中倒入油，烧热，下蒜蓉和剁椒酱煸炒出香味，放入鹌鹑蛋，加入生抽，翻炒均匀后盛入盘中，撒上香葱末，即成。

爸爸备孕叮咛

→ 鹌鹑蛋是天然滋补品，可补气益血，强筋壮骨，有"卵中佳品"之称。

→ 鹌鹑蛋个体很小，但营养价值不亚于鸡蛋，同样是完全蛋白食物。与鸡蛋相比，鹌鹑蛋的磷脂及B族维生素含量更高，而胆固醇含量更少。

→ 鹌鹑蛋每天吃3~6个为宜，夫妻同吃可强身助孕。

菌菇小炒

功效

补充蛋白，增强体质，提高免疫力。

材料

蟹味菇300克，红、黄彩椒各50克。

调料

花椒2克，生抽、盐各适量。

做法

1 将蟹味菇择洗干净，入开水锅中，焯烫断生，沥水备用。

2 红、黄彩椒分别去蒂、籽，洗净后切成丝。

3 锅中倒入油，烧热，下花椒煸出香味，倒入蟹味菇和彩椒丝，翻炒片刻，加生抽和盐调味后即可出锅。

爸爸备孕叮咛

→ 食用菌是有机、营养、保健的绿色食品，普遍含有丰富的蛋白质，氨基酸种类多，其含量是一般蔬菜和水果的几倍到几十倍，是植物优质蛋白的重要来源之一。

→ 菌类还含有多种维生素、矿物质及生物活性成分，可增强体质、提高人体免疫力。

→ 香菇的嘌呤含量较高，尿酸偏高、痛风患者不宜多吃。

咖喱大虾

功效

补虚强身，壮阳固精。

材料

大海虾300克，生菜叶、樱桃萝卜各少许。

调料

日式咖喱块35克。

做法

1 生菜叶洗净，樱桃萝卜洗净后切片，将二者铺盘底。

2 大海虾挑去虾线，洗净后入油锅中，煎至焦黄，取出备用。

3 咖喱块放入锅中，加适量水，煮成黏稠的酱汁，放入大海虾翻炒片刻，盛入盘中，即可。

爸爸备孕叮咛

➡ 虾是高蛋白食物，且富含钙、铁、锌、镁、磷脂等营养素。

➡ 中医认为，虾可补肾壮阳、养血固精、壮骨、通乳，尤宜筋骨疼痛，体虚乏力，男性肾虚阳痿、遗精、早泄，女性产后乳汁不通者食用。

➡ 易过敏者不宜多吃。

小炒扇贝

功效
滋阴养血，补虚强身。

材料
扇贝肉250克，青辣椒50克，蒜蓉适量。

调料
生抽、盐各适量。

做法
1 将扇贝肉去除杂质，在热水中焯烫片刻后捞出；青辣椒洗净，切段。

2 锅中倒入油，烧热，下蒜蓉，炒出香味，放入青辣椒段和扇贝，快速翻炒，加入生抽和盐调味后即可出锅。

爸爸备孕叮咛

➡ 扇贝富含蛋白质、不饱和脂肪酸、B族维生素、镁、钾等营养素，可滋阴养血，补虚强身。在保证营养的同时，还能保护心血管、控制体重。

➡ 扇贝的烹制时间不宜过长，通常3~4分钟为宜，否则肉质会变硬、变干，失去鲜味。

➡ 扇贝较寒凉，脾胃虚寒者不宜多吃。

红焖羊肉

功效

暖中补虚,益精养血,强身健体。

材料

羊肉500克,胡萝卜100克,姜片、葱段、蒜片各适量,芹菜叶少许。

调料

料酒、酱油各15克,红曲粉、盐各适量。

做法

1 羊肉切块,冷水下锅,煮开后捞出,洗净;胡萝卜切块。

2 锅中倒入油,烧热,下姜片、葱段、蒜片,炒出香味,放入羊肉煸炒2分钟,烹入料酒,加水没过羊肉,放酱油、红曲粉,改小火,炖煮40分钟。

3 拣出葱、姜、蒜,放入胡萝卜块和盐,续煮至绵软,大火收浓汤汁后盛入碗中,撒上芹菜叶。

爸爸备孕叮咛

→ 肉类所含的动物蛋白属于优质蛋白,容易被人体消化吸收,利用率非常高。

→ 羊肉偏温热,可"暖中补虚,补中益气,开胃健身,益肾气,养血明目,治虚劳寒冷,五劳七伤"。

→ 羊肉的肉质比牛肉细嫩,脂肪及胆固醇含量比猪肉少。

→ 发热、上火等偏于热性病者慎食。

五香牛肉丝

功效
益气补虚，强筋壮骨，健壮体魄。

材料
牛肉500克。

调料
生抽15克，料酒10克，白糖20克，花椒8克，干辣椒5克，大料1个，香叶5片，盐适量。

做法
1 牛肉顺着纹理切成长条，在冷水中浸泡，去除血水。
2 所有调料放入调理盆，加少量清水搅匀，放入牛肉，腌渍5小时以上。
3 将牛肉沥干水分，放入烤箱180℃，烤20分钟左右，翻面再烤20分钟。
4 取出晾凉后顺着肉的纹理，撕成细丝，即可。

爸爸备孕叮咛

→ 牛肉含有丰富的蛋白质，其中，氨基酸的组成比猪肉更接近人体需要，常食令人健壮有力、体力充沛、抗病能力增强。

→ 牛肉是畜肉中最瘦的，而瘦肉比肥肉的蛋白质含量高。

→ 此菜方便贮存和携带，特别适合外出、工作感到疲倦劳累时随时食用。

黑胡椒
西冷牛肉

功效

补中益气，滋养脾胃，强健筋骨，缓解疲劳。

材料

西冷牛肉200克，青椒150克。

调料

粗粒黑胡椒粉、生抽各10克，白糖3克，盐、淀粉各适量。

做法

1 牛肉切大块，加入生抽和适量油，腌制片刻；青椒切块。

2 将调料加适量清水混合，调成料汁。

3 锅中倒入油，烧热，倒入牛肉块和青椒块，大火爆炒，倒入料汁，炒匀，即可。

爸爸备孕叮咛

→ 西冷牛肉（Sirloin）一般是上腰部的外脊肉，含一定肥油，在肉的外延带一圈呈白色的肉筋,总体口感韧度强、肉质硬、有嚼头，适合年轻人和牙口好的人吃。

→ 切肉时连筋带肉一起切。用适量油来腌制牛肉，会让牛肉在烹饪后保持香嫩易嚼的口感。另外不要煎得过熟。

红烧肉

功效

养阴血，补体虚，令人肥健丰满。

材料

猪五花肉500克，葱段、姜片各适量。

调料

料酒、酱油各20克，大料1个，白糖、盐各适量。

做法

1 猪五花肉切块，冷水下锅，煮开后捞出，洗净，沥水。

2 锅中倒少许油，放入白糖，炒起糖色，放入肉块，快速翻炒，加酱油炒至上色，倒入水没过肉块，大火烧开，撇去浮沫，倒入料酒，放入葱段、姜片、大料，改小火，炖煮40分钟，加白糖、盐调味，大火收浓汤汁，即可。

爸爸备孕叮咛

➡ 五花肉是在猪肋排上的肉，肥瘦相间，故称"五花肉"。这部分的瘦肉最为细嫩多汁，口感最好，蛋白质更容易被人体吸收。

➡ 此菜肥而不腻，可滋阴养血，疗补体虚，常食使人体力充沛、丰满肥健，尤宜干枯瘦弱、贫血乏力者补益。

➡ 湿热痰滞内蕴、肥胖、血脂偏高者均不宜多食。

照烧鸡腿

功效

养气血，健脾胃，补蛋白。

材料

鸡腿肉400克，芝麻少许。

调料

生抽30克，蜂蜜15克，老抽5克，白酒5克，盐适量。

做法

1 将调料加适量水混合成味汁。

2 鸡腿肉洗净，放入一半味汁，腌制1小时。

3 平底锅倒入油，烧热，放入鸡腿肉，煎至两面焦黄，倒入剩余料汁，小火收汁后取出，改刀，装盘，撒上芝麻，即成。

爸爸备孕叮咛

→ 鸡腿肉质较结实坚硬，其蛋白质的含量高于鸡肉其他部位。

→ 鸡肉可温中补脾，益气养血，补肾益精，活血通络，是温养气血的常用食材。

→ 鸡腿皮中脂肪含量较多，较为肥腻，通过煎制后可逼出部分油脂，尽量减少脂肪的摄入。

→ 肥胖多脂者可去掉鸡皮，只吃腿肉。

藤椒白切鸡

功效

疗补虚弱，补肾益精，活血通脉。

材料

三黄鸡1只，葱段、姜片各20克，青、红辣椒各适量。

调料

料酒、盐、藤椒油各适量。

做法

1 三黄鸡冷水入锅，煮开后捞出，洗净；青、红辣椒切丁。

2 锅中放入三黄鸡，倒水没过鸡，大火烧开，撇去浮沫，放入料酒、葱段、姜片，改小火，焖煮30分钟后捞出，切块。

3 取鸡汤倒入汤碗，加盐调味，放入鸡块，撒上青、红辣椒，淋上藤椒油，即成。

爸爸备孕叮咛

➜ 鸡肉与畜肉相比，肉质比较细嫩，消化率高。尤其做成鸡汤食用，补益作用更强，尤其适合体虚乏力、疲劳倦怠、气血不足、贫血、营养不良、筋骨痿弱者，是传统的补虚品。

➜ 此菜适合备孕夫妻同食，男性可提高精子质量，身体更健壮，增强性能力，女性孕前、产后均宜多吃。

红烧大黄鱼

功效

健脾益气，补虚填精。

材料

大黄鱼800克，葱段、姜片、蒜片各适量，干辣椒2个。

调料

酱油、料酒各15克，花椒、大料、盐、白糖各适量。

做法

1 将大黄鱼收拾干净，煎至两面金黄。

2 锅中倒入油，烧热，下葱段、姜片、蒜片、干辣椒，炒出香味，放入大黄鱼，烹入料酒，加酱油烧上色，倒入适量水烧开，撇去浮沫，放入花椒、大料、盐、白糖，改小火，炖煮至汤汁浓郁，即可出锅。

爸爸备孕叮咛

➡ 大黄鱼含有丰富的蛋白质、微量元素和维生素，其肉质鲜嫩，蛋白质容易被人体吸收，利用率很高。

➡ 大黄鱼可健脾和胃、益肾补虚、益气填精、安神止痢，对肾虚精亏、贫血、失眠、头晕、食欲不振等有一定疗效。

➡ 大黄鱼是发物，哮喘病人和过敏体质者慎食。

干煎多春鱼

功效

益精养血，提高精子质量。

材料

多春鱼500克，生菜叶1张。

调料

辣椒粉、花椒粉、盐各适量。

做法

1 将多春鱼收拾干净，沥干水
　分；所有调料混合均匀，制成
　椒盐粉。

2 平锅上火，倒入油，烧至四成
　热时放入多春鱼，煎至断生，
　再开大火，把表皮煎至酥脆。

3 把生菜叶铺盘底，放上煎好的
　鱼，撒匀椒盐粉，即可食用。

爸爸备孕叮咛

→ 多春鱼是一种深海鱼，个头虽不大，肉
　质却特别嫩滑，连皮、骨、鱼籽一起食
　用，不仅蛋白质充足完整，还补充了更
　多的钙、磷、铁、卵磷脂等营养素，益
　精养血的作用比一般鱼肉更强。

→ 鱼籽的蛋白质含量特别高，有利于男性
　养精，但其胆固醇含量也很高，血脂偏
　高者不宜多吃。

→ 多食易引发旧病，过敏者慎食。

炸鱼排

功效

高蛋白，低脂肪，益精养血，健脑益智。

材料

龙利鱼300克，面粉、蛋液各100克，面包糠50克。

调料

料酒、盐适量。

做法

1 龙利鱼洗净，切块，用料酒、盐腌制15分钟。

2 龙利鱼块粘裹面粉后放入鸡蛋液中滚动一圈，再马上放入面包糠内，粘匀面包糠。

3 锅中倒入油，烧至四成热，放入鱼块，炸至微黄时捞出，再开大火升高油温，复炸至酥脆。

爸爸备孕叮咛

➡ 龙利鱼是一种近海鱼类，最大特点是肉质特别细嫩爽弹，刺少肉多，味道鲜美，营养丰富，非常适合制作鱼排，不会择鱼刺的人也能放心食用。

➡ 鱼肉是高蛋白、低脂肪的食物，对心血管也有一定的保护作用，还能健脑益智、益精养血，是比较健康的肉类。

微量元素添活力

微量元素在人体中的含量虽然不高，但有着重要作用。

铁被称为"半微量元素"，在人体内的含量相对较高，铁不足容易影响精血的质量。尤其平时气血偏虚的男性应多吃高铁食物，如动物肉类、动物肝脏、鸡蛋黄、豆类、黑芝麻等。

锌对男性精子的数量和质量起着关键作用。男性备孕者应多吃富含锌的食物，如贝壳类、鸡蛋黄、动物肝脏、鱼肉、坚果等。

镁能提高精子活力，增强男性生育功能。大豆、土豆、坚果、种仁、香蕉、紫菜、黑木耳等食物含镁较多。

还有其他一些微量元素及生物活性物质，可抗氧化、抗衰老、提高免疫力，增强生殖功能，在饮食中可适当多吃。

蓝莓
马芬蛋糕

功效

补充各种营养素，提高免疫力。

材料

蓝莓250克，黄油100克，淡奶油150克，鸡蛋2个，面粉300克，泡打粉10克。

调料

白糖100克。

做法

1 将黄油隔水融化，与淡奶油、白糖和鸡蛋混合，筛入面粉和泡打粉，加入蓝莓，拌均匀成混合面糊。

2 将混合面糊分份放入纸杯，摆上烤盘，放入预热的烤箱中，180℃，烤制25分钟左右。

爸爸备孕叮咛

→ 蓝莓除了含糖、果酸较高外，所含的铁、磷、钾、锌、镁等矿物质也明显高于其他水果。

→ 蓝莓还富含多种维生素及生物活性物质，有抗氧化、抗衰老、保护心血管、健脑、护眼等作用。蓝莓搭配高营养的鸡蛋做成糕点，常食可提高人体免疫力，为后代的健康提供保障。

果仁蛋羹

功效
益精养血，促进生育。

材料
鸡蛋2个，牛奶100毫升，坚果碎适量。

调料
蜂蜜5克。

做法
1 鸡蛋打入碗中，倒入牛奶，打散成鸡蛋液，盖上保鲜膜，上蒸锅，大火蒸15分钟。
2 取出蛋羹，放至温热后撒上坚果碎，浇适量蜂蜜。

爸爸备孕叮咛

→ 坚果类属于植物种仁，有益精助孕的作用，其富含钙、铁、锌、镁等有助生育的营养素较多，适合备孕者多吃。

→ 此羹还有滋阴养血、润肠通便、强壮筋骨、抗衰老等作用。

→ 可将多种坚果混合食用，互通有无会达到更好的食疗保健作用。

→ 果仁的油脂含量偏高，每日食用量不要超过15克，肥胖多脂者尤应控制。

小麦胚芽饼

功效

提高生命活力，有助孕育。

材料

小麦胚芽60克，椰蓉10克，低筋面粉50克。

调料

白糖20克，色拉油20克。

做法

1 将所有材料和调料放入面盆，加适量水，和成面团，静置30分钟。

2 先将面团擀成薄片，再用成形器刻出一定形状的饼干生坯。

3 饼干生坯码入烤盘，放入预热的烤箱，180℃，烤制10分钟左右，即成。

爸爸备孕叮咛

➡ 小麦胚芽是小麦生命的根源，也是小麦中营养物质最为集中的部分，含有丰富的蛋白质、维生素、微量元素和其他生物活性物质，常食可增强生命活力，促进新生命的孕育。

➡ 小麦胚芽需在开封后一个月内食用完，以免营养物质氧化后流失。

紫菜杂粮粥

功效

补充多种维生素和矿物质。

材料

大米、燕麦各50克、紫菜5克，胡萝卜70克。

调料

盐、香油各适量。

做法

1 将大米和燕麦分别淘洗干净；胡萝卜洗净，切成碎粒。

2 锅中放入大米、燕麦，加适量水，小火煮至粥稠，放入紫菜和胡萝卜碎粒，加盐和香油调味，即成。

爸爸备孕叮咛

→ 紫菜富含碘、钙、磷、铁及多种维生素。燕麦是B族维生素、钾、镁、锌等营养素的宝库。胡萝卜则富含胡萝卜素。

→ 此粥可滋养五脏，补益气血，补充人体所需的各种维生素和矿物质，适合备孕夫妻共同食用。

海味炒饭

功效

营养全面，益精养血。

材料

母螃蟹、鸡蛋各1个，胡萝卜、青椒各50克，米饭200克。

调料

盐适量。

做法

1 母螃蟹蒸熟后，将蟹肉和蟹黄分别取出。

2 将鸡蛋炒成鸡蛋碎；胡萝卜煮至半熟，切碎粒；青椒切碎粒；米饭抓散。

3 锅中倒入油，烧热，放入所有原材料，翻炒，加入适量盐调味。

爸爸备孕叮咛

→ 螃蟹含有丰富的蛋白质及微量元素，对身体有很好的滋补作用。

→ 螃蟹搭配高蛋白的鸡蛋和富含维生素的胡萝卜、青椒，营养更丰富完整。

→ 蟹黄所含的胆固醇很高，血脂偏高者慎食。

→ 蟹肉性寒堕胎，蟹爪尤甚，孕妇不宜多吃。

糖醋紫甘蓝

功效

提高免疫力，促进孕育。

材料

紫甘蓝300克，芝麻少许。

调料

米醋、白糖各10克，生抽5克，淀粉、盐、花椒油各适量。

做法

1 紫甘蓝撕成小块，入开水锅中焯烫断生，沥水，装盘。

2 锅中加适量水，煮沸，放入米醋、白糖、生抽和盐，勾匀芡汁，浇在紫甘蓝上，淋花椒油，撒上芝麻，即可。

爸爸备孕叮咛

➡ 紫甘蓝营养丰富，尤以维生素C、维生素E（生育酚）、叶酸、铁、花青素和纤维素等含量高。

➡ 常食此菜，对提高免疫力、促进孕育、抗氧化、降压、降脂、降糖等均有益，适合备孕夫妻共同食用。

孜然小土豆

功效

健脾和胃，补充多种营养。

材料

小土豆250克，橄榄油20克，香菜末少许。

调料

盐、孜然粉、胡椒粉各适量。

做法

1 小土豆，洗净外皮，放入锅中，加适量水，煮软后捞出。

2 用勺子轻轻按压小土豆，出现裂缝后，在表面刷匀橄榄油，放入预热的烤箱，设置180℃，烤制15分钟，出锅后撒上香菜末和适量调料，即可。

爸爸备孕叮咛

➡ 土豆也叫马铃薯、番薯、洋芋，它除了富含淀粉外，还是高钾食物，且含有丰富的钙、锌、铁、胡萝卜素、维生素E、叶酸等营养素。

➡ 橄榄油是比较健康的油类，有保护心血管、抗氧化、抗衰老的作用。

➡ 常食此菜可健脾和胃，补益气血，通利大便，尤其适合有胃病者增进饮食，改善营养。

爸爸备孕叮咛

➡ 锌在人体生长发育、生殖遗传、内分泌等重要生理过程中起着极其重要的作用，有"生命之花""婚姻和谐素"的美称。

➡ 牡蛎肉和鸡蛋黄都是富含锌元素的食物，备孕夫妻常食此菜，可促进孕育，提高精子质量。

牡蛎蛋饼

功效
补锌效果好，促进生育。

材料
牡蛎肉100克，鸡蛋2个，香葱末30克。

调料
淀粉15克，胡椒粉、盐、甜辣酱各适量。

做法
1 牡蛎肉洗净，放入开水锅中焯烫一下，沥水，晾凉。

2 鸡蛋打入调理碗中，放入牡蛎肉、香葱末、淀粉、胡椒粉、盐，搅拌均匀。

3 平锅倒入油，烧热，倒入牡蛎鸡蛋液，摊成蛋饼后盛出。吃时配以甜辣酱食用。

清酒煮贻贝

功效

壮阳补虚，强精益气，提高精液质量，增强精子活力。

材料

青口贝500克，清酒30克，洋葱、黄灯笼椒各适量。

调料

白醋、白糖、盐各适量。

做法

1 将洋葱、黄灯笼椒分别切碎丁，放入料汁碗，加入各调料和少许水，调成蘸料汁。

2 锅中加入适量水煮开，倒入清酒后放入贻贝，待贻贝壳张开后捞出，配蘸料汁食用。

爸爸备孕叮咛

→ 贻贝也叫青口贝、海虹。贝类海产品普遍具有高蛋白、高锌的特点，贻贝也是如此。

→ 常食此菜可促进性功能，生精助育。备孕夫妻皆宜食用，尤宜肾虚精亏、阳痿、遗精、腰痛的男性。

→ 贻贝自带咸味，注意加盐不要过量。

里脊肉肠

功效

补钙补铁，益肾养血，滋阴润燥。

材料

猪里脊250克，蛋清60克，胡萝卜50克。

调料

淀粉80克，生抽10克，胡椒粉5克，盐适量。

做法

1 将猪里脊和胡萝卜分别洗净，放入搅拌机中，搅打成细泥，放入调理盆中。

2 放入蛋清和各调料，用力搅拌均匀，制成馅料。

3 用锡箔纸分几份将馅料包成圆筒状，上锅蒸，大火蒸20分钟，去掉锡箔纸，即成。

爸爸备孕叮咛

→ 猪里脊肉可补肾养血、滋阴润燥，含铁量非常高，是补血佳品，且瘦肉率高，蛋白质、钙的含量都很充足。

→ 此菜适合备孕夫妻共同补益，尤其适合肾虚体弱、体瘦贫血、燥热烦渴、虚劳体倦者常食。

→ 痰湿、肥胖多脂者不宜多吃。

酸菜鱼

功效

增加营养，养血益精。

材料

龙利鱼250克，酸菜100克，鸡蛋1个。

调料

料酒、淀粉各15克，盐、胡椒粉各适量。

做法

1 将龙利鱼洗净，切片，用料酒、淀粉、鸡蛋、盐抓匀上浆；酸菜洗净切段。

2 锅内放入底油，加酸菜翻炒出香味，倒入适量水煮开，放入鱼片滑散，再煮沸时加盐、胡椒粉调味，即可。

爸爸备孕叮咛

➡ 鱼肉普遍高蛋白、低脂肪、高钙、高铁，海鱼比河鱼含锌、铜、镁等元素更丰富，生物活性物质也更多，对男性益精养血十分有利。

➡ 酸菜是经过腌渍的白菜，经过发酵，其所含的有机酸、酵素及其他生物活性物质更为丰富，营养价值更高。

➡ 此菜适合备孕夫妻共同补益。

酸汤肥牛

功效
健脾益气，养血生精，强壮体魄。

材料
肥牛片300克。

调料
黄灯笼辣椒酱10克，盐、花椒各适量。

做法
1 锅中倒入油，烧热，放入黄灯笼辣椒酱炒出香味，倒入适量水烧开，放入肥牛片汆烫熟，加盐调味后盛入汤碗。

2 锅中倒入油，烧热，下花椒，炸出香味后浇在肥牛上，即成。

爸爸备孕叮咛

➡ 肥牛是经过排酸处理后，切成薄片的牛肉，是涮火锅的常用材料，稍加汆烫便可熟制，肉质软嫩，食用相当方便。

➡ 牛肉含有丰富的蛋白质、铁、锌、钙以及B族维生素等，对强壮体魄、补钙养血、提高精子质量均有助益。

➡ 此菜尤宜疲乏劳倦、肾虚精亏、食欲不振、体虚贫血、腰腿无力者。

清炒
韭菜豆芽

功效

增强性能力，提高精子活力。

材料

韭菜200克，豆芽100克，红、黄彩椒各50克。

调料

盐适量。

做法

1 韭菜择洗干净，切段；豆芽洗净；红、黄彩椒去蒂、籽，洗净，切成丝。

2 锅中倒入油，烧热，先放入韭菜和豆芽炒断生，再放入红、黄彩椒和盐，略炒，即成。

爸爸备孕叮咛

➡ 韭菜有温肾助阳、提振性欲的作用，可改善男性性功能。

➡ 豆芽富含维生素 C、维生素 E 等营养素。此外，大豆在发芽过程中，蛋白质的利用率能提高 10%，且在酶的作用下，更多的钙、磷、铁、锌等被释放出来，营养价值大大提高。

➡ 此菜生发作用强，对男性增强性能力、提高精子活力十分有益。

桃仁豆苗

功效

温阳补肾，生发气血，促进孕育。

材料

豌豆苗200克，核桃仁30克。

调料

盐、香油各适量。

做法

1 豆苗放入沸水锅中，焯烫断生，沥水后装盘。

2 核桃仁放入烤箱，180℃，烘烤10分钟，也装盘，加入调料，拌匀，即成。

爸爸备孕叮咛

→ 核桃仁富含钙、磷、铁、锌、钾、锰、铜等元素及不饱和脂肪酸。中医认为，其有温阳补肾、健脑益智的功效。

→ 豌豆苗是芽苗类食物，生发作用强，有一定促进孕育的作用。

→ 常食此菜可补肾益气，养血润燥，尤宜体虚瘦弱、阳痿、遗精、腰痛腿软者。

→ 核桃仁油脂含量较高，肥胖者需控制摄入量。

番茄芝士蛋杯

功效
增强营养，补益气血。

材料
番茄、鸡蛋各2个，奶酪50克，水发香菇、培根各20克。

调料
香葱末、黑胡椒、盐各适量。

做法
1 番茄从底部四分之一处切开，挖出心部，形成一个小碗。

2 鸡蛋打入碗中；水发香菇、培根分别切碎粒，也放入碗中，加入黑胡椒、盐，搅拌均匀后倒入番茄中，撒上奶酪和香葱末，用锡箔纸包裹，放入预热的烤箱，180℃，烤制40分钟，即成。

爸爸备孕叮咛

→ 奶酪、鸡蛋、培根等动物性食品高热量、高蛋白，且富含钙、铁、锌、镁等营养素，是补益气血的佳品。

→ 香菇、番茄含有丰富的维生素（如维生素C、维生素E、维生素D等），有助于人体对钙、铁等矿物质的吸收。

→ 此菜荤素搭配，营养丰富完整，备孕夫妻食用，可令人气血充足，身体强壮，精力充沛。

图书在版编目（CIP）数据

有备而来才好孕饮食指导书/余瀛鳌，陈思燕编著.—北京：
中国中医药出版社，2018.4
（一家人的小食方丛书）
ISBN 978 – 7 – 5132 – 4708 – 5

Ⅰ.①有… Ⅱ.①余… ②陈… Ⅲ.①优生优育 – 食谱
Ⅳ.① TS972.164

中国版本图书馆 CIP 数据核字（2017）第 311790 号

中国中医药出版社出版

北京市朝阳区北三环东路 28 号易亨大厦 16 层
邮政编码　100013
传真　010-64405750
山东临沂新华印刷物流集团有限责任公司印刷
各地新华书店经销

开本 710×1000　1/16　印张 13　字数 168 千字
2018 年 4 月第 1 版　2018 年 4 月第 1 次印刷
书号　ISBN 978 – 7 – 5132 – 4708 – 5

定价　48.00 元
网址　www.cptcm.com

社长热线　010-64405720
购书热线　010-89535836
维权打假　010-64405753

微信服务号　zgzyycbs
微商城网址　https：//kdt.im/LIdUGr
官方微博　http：//e.weibo.com/cptcm
天猫旗舰店网址　https：//zgzyycbs.tmall.com

如有印装质量问题请与本社出版部联系（010-64405510）